水生态学理论

及其污染控制技术

陈吉宝 ▶ 著

中国水利水电出版社
www.waterpub.com.cn
·北京·

内 容 提 要

　　水生态是指环境水因子对生物的影响和生物对各种水分条件的适应。水污染控制技术是采用科学与工程技术的方法,以工程技术措施防止、减轻乃至消除水环境的污染,解决与废水处理及再生利用有关的问题,改善和保持水环境质量。本书主要研究水生态学理论及其污染控制技术,内容包括水生态环境综述、水体污染与污染源、水污染控制的物理处理技术、水污染控制的化学处理技术、水污染控制的深度处理技术,以及水污染控制的生物处理技术。

图书在版编目(CIP)数据

　　水生态学理论及其污染控制技术 / 陈吉宝著. -- 北京 : 中国水利水电出版社,2018.7
　　ISBN 978-7-5170-6594-4

　　Ⅰ. ①水… Ⅱ. ①陈… Ⅲ. ①水环境－生态环境－高等学校②水污染－污染控制－高等学校
　　Ⅳ. ①X143②X520.6

　　中国版本图书馆 CIP 数据核字(2018)第 147740 号

责任编辑:陈　洁　　封面设计:王　茜

书　　　名	水生态学理论及其污染控制技术　SHUISHENGTAIXUE LILUN JI QI WURAN KONGZHI JISHU
作　　　者	陈吉宝　著
出版发行	中国水利水电出版社 (北京市海淀区玉渊潭南路 1 号 D 座　100038) 网址:www.waterpub.com.cn E-mail:mchannel@263.net(万水) 　　　　sales@waterpub.com.cn 电话:(010)68367658(营销中心)、82562819(万水)
经　　　售	全国各地新华书店和相关出版物销售网点
排　　　版	北京万水电子信息有限公司
印　　　刷	三河市同力彩印有限公司
规　　　格	170mm×240mm　16 开本　　12.75 印张　　228 千字
版　　　次	2018 年 8 月第 1 版　2018 年 8 月第 1 次印刷
印　　　数	0001—2000 册
定　　　价	52.00 元

凡购买我社图书,如有缺页、倒页、脱页的,本社营销中心负责调换

前　　言

　　水是基础性的自然资源和战略性的经济资源。水资源在人类活动和社会经济发展及生态环境平衡中发挥着中心作用和综合作用。当前,我国面临着水资源短缺与城市化、工业化进程加速对水的需求量日益增大的矛盾;面临着水污染尚未得到有效遏制、水环境持续恶化与改善城市人居环境、保证安全供水、提高公共健康水平的要求日益迫切的矛盾。水污染对我国经济社会可持续发展的限制、对人民健康和社会稳定的潜在威胁日益凸显。

　　水污染控制工程是采用科学与工程技术的方法,以工程技术措施防止、减轻乃至消除水环境的污染,解决与废水处理及再生利用有关的问题,改善和保持水环境质量,保障人民健康,最终以与环境、生态、社会和经济相适应的方式有效地保护和合理地综合利用水资源,维持社会和经济的可持续发展。

　　本书共分六章。第一章水生态环境综述,在对世界与中国的水资源状况进行总体论述的基础上,系统阐述了水的自然循环与社会循环、水体自净、天然水的组成与性质;第二章水体污染与污染源,主要阐释水体污染的危害,水污染物的种类,污染源分类、调查与评价,以及水污染控制基本方法;第三章水污染控制的物理处理技术,主要阐述筛滤、沉淀与上浮、气浮、过滤;第四章水污染控制的化学处理技术,主要对中和与混凝、化学沉淀、氧化还原、电解进行研究;第五章水污染控制的深度处理技术,主要对吸附与离子交换、膜分离、浮选与萃取进行探讨;第六章水污染控制的生物处理技术,主要探究活性污泥法、生物膜法,以及厌氧生物处理。

　　本书在撰写过程中参考了大量的文献与资料,并汲取了多方人士的宝贵经验,在此向这些文献的作者表示感谢。由于时间仓促,加之作者水平有限,书中难免存有疏漏之处,敬请广大读者谅解,并提出宝贵意见。

南阳师范学院　陈吉宝

2018 年 1 月

目　　录

第一章　水生态环境综述

　　水是生命存在的不可或缺的条件,甚至可以说地球上一切有生命的物体都需要水才得以存活。水作为生物体新陈代谢的主要介质,具有极大的热容量,所以,水还有调节地球上的气温的作用。在人类生活环境中,水是不可替代的。因此,对水资源的保护、水污染的防治都需要人们加以重视。本章主要对世界与中国的水资源概况、水的自然循环与社会循环、水体自净、天然水的组成与性质进行论述。

第一节　世界与中国的水资源概况

一、世界的水资源概况

　　水约占地球外层 5km 地壳质量的 50%,覆盖着地球 71% 的表面积,其平均深度达到 3.8km,总量约有 13.6 亿 km³,是地球上最为丰富的化合物。通过以上的数据可以推知,地球上的水含量很高,不会存在缺水现象。但是由于水在地球上的存在状态和分布不均匀,能被人类利用的水量只占总水量极少的一部分。地球上水的大致分布为:不能被直接利用的海水占总水量的 97.2%,陆地上的淡水大部分是以两极的冰川及高山顶上的冰盖的形式存在。所以,人类能够直接利用的只是河水、淡水湖及浅层地下水,它们的储量也仅仅约为总水量的 0.2%,约为 $3 \times 10^6 \, km^3$,所以人类能够直接利用的淡水储量是极其有限的,地球上水资源存在状态及其存在状态分布见表 1-1。

表 1-1　地球上水资源及其存在状态分布

存在状态	体积/km³	体积分数/%
地表水	230250	0.0174
其中:淡水湖	125000	0.0092
咸水湖	104000	0.0081
河流	1250	0.0001
地表以下的水	8407000	0.6191
其中:土壤及渗透水	67000	0.0049
地下水(800m 以内)	4170000	0.3071
深层地下水	4170000	0.3071
其他水	1349219000	99.3635
其中:冰帽及冰川	29200000	2.15
大气	13000	0.001
海洋	1320000000	97.212
生物体内	6000	0.0005
总计	1357856250	100.00

由于世界各地水文和气象条件、地区和季节不同,造成水的分布极不均衡,也致使一些地区严重缺水。地球上可用的水资源可以认为是基本不变的。随着时代的前进、工农业生产的发展和人类生活水平的提高,全世界的用水量都在迅速增加。导致水资源污染严重,用水越来越紧张。据有关数据统计,世界上现有 43 个国家缺水。

二、中国的水资源概况

(一)我国的水资源状况

世界各国和地区受地理环境的影响,水资源的数量存在较大差异。按水资源量从小到大排列,依次是印度、中国、印度尼西亚、美国、加拿大、俄罗斯、巴西。

我国水资源总储量约 2.81 万亿 m³,居世界第 6 位,但人均水资源量不足 2200m³,仅为世界人均占水量的 1/4,相当于美国的 1/5,加拿大的 1/48,世界排名

110位,被列为全球13个人均水资源贫乏国家之一。并且,中国也是世界上用水量较大的国家。仅2002年,全国淡水取用量达到5497亿 m^3,大约占世界年取用量的13%,约是美国1995年淡水供应量4700亿 m^3 的1.2倍。在20世纪90年代初,我国476个城市中缺水城市约300个。且我国多年平均降水总量为6.2万亿 m^3,除通过土壤水直接利用于天然生态系统与人工生态系统外,可通过水循环更新的地表水和地下水的多年平均水资源总量为2.81万亿 m^3,水资源总量居世界第6位。随着工农业生产的发展,从1980年到1999年,我国社会经济总用水量增加了约1/4,由原来的4437亿 m^3 增加到5591亿 m^3。其中农业用水占70%,工业用水占20%,生活用水占10.1%。

国际社会已将人口、资源和环境的协调发展作为共同关注的重大战略问题。中国作为世界上人口众多的国家之一,人均淡水资源却是匮乏的。我国水资源匮乏的基本特点是降雨时空分布严重不均,造成水资源分布差异大,且水资源的可利用量和人均、亩均的水资源数量极为有限。当前水资源短缺严重阻碍了国家经济社会的可持续发展。我国水资源可利用量有限,从目前水资源现状来看,全国人均占有淡水资源量不足 $2200m^3$;从地区方面来看,水资源总量的81%集中分布于长江及其以南地区,其中40%以上又集中于西南五省区;从人均占有量方面来看,人均占有淡水资源量南方最高,北方最低,且相差10倍,而西部与东部甚至相差五六百倍。这是我国北方属于资源型缺水的根本原因,南方地区水资源虽然比较丰富,但由于水体污染,水质型缺水也相当严重。现如今,水资源越来越短缺,全国性的干旱缺水情况非常严重,特别是北方地区发生水危机已是客观现实。

(二)我国水资源面临形势

我国是一个水资源较为紧张的国家,水资源时空存在分布不均情况。近年来我国接连发生严重的干旱情况,并且随着旱灾发生的频率和影响范围、持续时间增长,遭受的损失也在逐步加大。根据相关统计数据,目前全国600多个城市中,缺水城市占到400多个,严重缺水的占100多个,较为突出的城市就是北京、天津等大城市,其供水已经呈现出最严峻的形势。随着人口的增长,到2030年我国人均水资源占有量将从现在的 $2200m^3$ 降至 $1700\sim1800m^3$,因此急需重视水资源可开发利用问题,注重提升人们对节约用水的意识。除了上述问题外,在我国水资源开发中也产生了以下问题:

(1)在国民经济发展和社会安定发展中,洪水灾害对国民经济发展和社会安定存在潜在威胁,水资源不仅使用效率低,还存在普遍受到污染的现象。2003年,淮河、海河、辽河、太湖、巢湖、滇池,水污染物排放总量都呈现较高趋势。尤其是淮河流域中竟有一半的支流水质污染严重,而海河、辽河生态用水则存在严重缺乏的情况,譬如,内蒙古的西辽河就已经出现连续 5 年断流的现象。

(2)太湖、巢湖、滇池均为劣Ⅴ类水质,总氮和总磷等有机物污染严重。譬如造成黄河水污染的主要原因是工业污水排放,工业污染占废污水排放总量的 73%,每年由于水污染造成的经济损失是巨大的,约合人民币 115 亿～156 亿元。黄河水污染带来了沿黄地区许多农田被迫用污水灌溉问题,这极大地影响着区域内居民的健康。据初步统计,每年区域内的人体健康损失费用就多达 22 亿～27 亿元。同时,黄河水污染还造成水资源价值损失、城镇供水损失等问题,对市政额外处理污水的投资提出了更高的要求,测算可知每年市政府将总损失约 60 亿元。1998年我国主要流域(水系)中,以水质类别划分辽河、海河的污染最为严重,呈现Ⅴ类或劣Ⅴ类水质为主的形式,其中淮河水质较差,其Ⅴ类或劣Ⅴ类水质约占 5%,而黄河局部河段污染较严重;松花江水质以Ⅳ类水质为主;长江、珠江水质良好,以Ⅰ至Ⅲ类水质为主。

1. 主要灾情

从 20 世纪 90 年代开始,中国的水旱灾害和水污染频繁发生,出现了洪涝、干旱、污染与水环境恶化等一系列越来越严重的问题。

(1)洪涝灾害。直接经济损失超过 1000 亿元的年份有 1994 年(1797 亿元)、1995 年(1653 亿元);直接经济损失超过 2000 亿元的年份有 1996 年(2208 亿元)、1998 年(2684 亿元)。世界银行曾测算,中国每年洪涝灾害损失 100 多亿美元。

(2)干旱灾害。

供水不足问题影响的每年的工业产值为 2300 亿元,粮食产量也比正常年份和较早年份少 100 亿～250 亿 kg,如 1996 年减产 100 亿 kg,较早年份,如 1994 年、1995 年减产粮食 250 亿 kg,但遇到严重干旱年份粮食减产曾高达近 500 亿 kg(如1997 年),北方一些地区干旱持续时间长达 100 多天,在黄河的下游产生了从未有过的断流天数和断流河长的记录,造成粮食减产 476 亿 kg,这也是中华人民共和国成立以来粮食生产损失最严重的年份。世界银行曾测算,中国每年由于干旱缺水原因,损失约为 350 亿美元。

(3)污染与水环境恶化。

水环境分为两种情况:

1)水土流失。这种情况多采用区域性、局部性的治理方式,但是这些方式并不能从根本上改善,存在边治理、边破坏的现象,甚至在开发建设项目时反而会加剧水土流失。据有关数据统计,全国平均每年因开发建设活动等人为新增的水土流失面积达 1 万 km²,每年堆积的废弃土石约 30 亿 t,其中 20% 流入江河,对防洪保安造成了直接影响。

2)水体污染严重。这种情况主要是随着工业发展,工业废污水排放量也呈迅速上升之势,致使水环境恶化,淮河、太湖污染尤为突出。世界银行发表的中国环境报告测算,中国水和大气污染,造成的年损失为 540 亿美元,占中国年 GDP 的 8%。通过这些数据可以得出,水环境质量呈现出继续恶化的态势,经济损失也十分惨重。

由上述三大灾害可见年均经济损失达 1000 亿美元,占全国年 GDP 的 15% 左右。这三大灾害带来的损失,也使得水资源的短缺和水环境恶化成为急需解决的重中之重的问题。

2. 严峻形势

当前,全国水资源开发利用率已达到 21%。特别是有些年,因供水能力增长速度缓慢,1978—1998 年全国供水能力年增长率约为 1%,而同期国民经济以 8%～12% 的高速度增长,同期人口又增加了约 2.5 亿,更加剧了缺水矛盾。需要注意的是,人类的活动对降雨与径流产生着影响,与此同时,产流与汇流条件也随之发生改变,某些江河的天然来水量已出现降低的情况。尤其是在黄河下游,断流情况发生特别频繁,海河就演变为季节性河流,使得内陆河部分河流产生干枯现象,而我国城市供水系统不完善,抗旱能力有待提升,导致 2000 年发生旱灾。由于以上这些因素使得经济损失惨重,这也从侧面显示了水资源供需的矛盾。进入 21 世纪,我国人口呈持续增长趋势,人们的生活质量也越来越好,城市也在快速地发展,但随之带来了人均水资源占有量的减少,用水量也在增加,使水资源供需矛盾更加突出。水资源短缺已成为经济、社会、环境发展改善的阻力。

根据人口和水资源分布统计数据可以得出,中国水资源的南北分配有着非常大的差别。长江流域及其以南地区人口占了中国的 54%,但是水资源却占了 81%。北方人口占 46%,而水资源只占 19%。有关专家表明,人类活动在某种程度上对水资源造成了影响,如北方与南方的水资源分布不均,南方水资源较北方水资源多很多,为此,我国推行了南水北调的政策。

近几年,除了北方出现连年干旱现象之外,南方的水资源状况也并不乐观。专家表明,南方由于一些企业对水环境的保护意识不强,没有注重对污水的处理,污水的大量排放造成了严重的水体污染,大大减少了可用的水资源,甚至产生了水资源短缺的现象。南方地区由于受大陆季风气候的影响,水资源在季节上分布极不均匀,连枯或者连涝。针对这种情况我国采用水库工程来进行调节,但是水源工程的投资费用较大,且又由于其回报率低,很少有企业能够积极地去参与投资建设。特别是在我国的中部和西部地区水资源较为短缺,工程建设滞后。

1949—2002 年,全国总用水量增加 4000 多亿 m^3,以大约每 10 年增加 100 亿 m^3 的速度增长。1980 年以后,全国总用水量的增长幅度略有下降,但年平均增长量仍有 62 亿 m^3 左右。与此同时,全国的用水结构也发生了改变,农业用水比例逐步下降,而工业、城镇生活用水比例则有所增加。与 2001 年比较,2002 年生活用水量增加了 19 亿 m^3,工业用水增加 1 亿 m^3,农业用水减少 90 亿 m^3。在省级行政区中,用水量大于 400 亿 m^3 的是新疆、江苏和广东,约占全国用水量的 25.5%;工业用水占其总用水量 30% 以上的是上海、重庆、湖北和江苏。

目前,全国每年缺水量近 400 亿 m^3,其中,农业每年缺水 300 多亿 m^3,平均每年因旱受灾的耕地达 4 亿多亩,年均减产粮食 200 多亿 kg;城市、工业年缺水 60 亿 m^3,直接影响工业产值 2300 多亿元;农村还有 2400 多万人饮水困难;在全国 600 多座城市中,有 400 多座缺水,其中 100 多座严重缺水。

全国现有土壤侵蚀面积 367 万 km^2,占国土面积的 38%,其中水蚀面积 179 万 km^2,风蚀面积 188 万 km^2,水土流失较为严重的是黄河中上游和长江上游地区以及海河上游地区。严重的水土流失使我国每年平均损失耕地 100 多万亩,流失土壤 50 多亿 t,导致生态环境恶化,河湖泥沙淤积,加剧了洪、旱和风沙灾害。我国的自然生态脆弱,人类不合理的活动又加剧了水污染、水流失。

全国地下水水位急剧下降,部分地区甚至出现地面沉降、海水入侵的现象。地下水被人们长期超采后,又没有及时地被回补,甚至部分干旱和半干旱的地区出现下游河道断流、河湖萎缩,有些尾闾与湖泊甚至消亡;有些胡杨林大片的消亡,草场逐步的退化,荒漠化情况严重,沙尘暴发生次数也增加;另外,有些灌区和绿洲,并不能够有效发挥其作用,反而出现严重的土壤次生盐渍化,致使农业生产减产。

(三)我国水资源面临的挑战

1. 人口增长出现峰值,人均水资源量降到低谷

中国的人口数量庞大,若根据现在人口的增长趋势,到 2030 年人口增长达到峰值,总人口达到 14.5 亿,人均占有水资源将下降到 $1750m^3$。人口的增长一方面

增加了用水量,另一方面也无形中对资源和生态环境产生压力,对水的有效利用是一个急需重视的问题。所以,在中国未来的 50 年,人口的增长是影响水资源和水环境的重要因素,也是可持续发展需要重视的因素。

2. 水的供需矛盾更加尖锐,开发利用更加艰难

中国水资源总量为 2.81 万亿 m³,专家们根据国际上评估的标准认为,中国水资源的可利用量大约为 10000 亿～11000 亿 m³,1997 年,我国年总用水量达到了5623 亿 m³。按照 21 世纪中叶中国达到中等发达国家水平的战略目标,初步估计,我国未来水需求将达到 7500 亿～8000 亿 m³,在现有基础上再增加 1500 亿～2200 亿 m³ 的供水能力。由于区域发展存在不平衡现象,使经济开发的水源受到区域性的约束,造成可开发利用的水资源的难度逐步增大,所以,中国未来水资源的开发利用将更加艰难,供需矛盾问题将会演变得更为严重。

3. 水旱灾害依然频繁,并有加重的趋势

中国水资源时空分布不均,与土地资源分布不相匹配,南方水多、土地少,北方则相反。水资源紧缺的干旱、半干地区面积占耕地面积的一半以上,且耕地面积中约有 1/3 位于洪水威胁的大江大河中下游地区,并时常伴有干旱和洪涝等自然灾害。随着气候变化等因素,中国的水旱灾害也随之加重。

20 世纪 70 年代,中国农田受旱面积平均每年约 1100 万 hm²,80—90 年代2000 多万 hm²,近年来,平均每年受旱面积上升到 3300 多万 hm²,因旱灾减产粮食约占同期全国平均粮食产量的 5%。1950—2000 年的 51 年中,中国平均农田因洪涝灾害受灾面积为 937 万 hm²,而 1990—2000 年的 11 年间,年均受洪涝灾害面积为 1580 万 hm²,因水灾减产粮食约占同期全国平均粮食产量的 3%。

4. 农业用地减少,农业用水短缺程度加剧

随着城市化进程的加快,土地被大量的用于经济发展建设,因此除了农业灌溉需要用水之外,非农业用水量也出现增长趋势。虽然中国根据耕地减少的现状,制定了较为严格的耕地保护政策,但是随着经济的发展,城市和工业占用了大量的农业用地,进一步增加了水资源短缺的压力。从 1980 年到 2004 年的 20 多年间,中国经济发展速度较快,全国总用水量增加了 25%,而农业用水总量基本没有增加。全国农业用水量在总用水量中所占的比例呈下降趋势,由 1980 年的 88% 下降到2004 年的 66%。

5.水土流失尚未得到有效控制,生态脆弱

我国的山地、丘陵,一遇到季风型暴雨就易发生水土流失。人们需要对水土资源进行合理的开发利用,来避免水土流失的发生。根据全国第二次遥感调查结果,中国水土流失面积达 356 万 km^2,占国土面积的 37%,每年流失的土壤总量达 50亿 t。如果水土流失得不到有效控制则会引发严重的水土流失,为防止土地退化、生态持续恶化、减少河道、湖泊泥沙淤积,避免江河下游地区的洪涝灾害,人们急需采取有关措施,保护生态。

6.经济快速增长,废污水排放量急剧增长

2003 年全国废污水排放总量达 680 亿 t,比 1980 年增加了 1 倍多。部分水体因受到大量未经处理的工业和生活污水的污染,造成了灌溉的可用水资源短缺。又由于农业生产中化肥和农药大量使用,反而加重了水体污染。水污染在影响粮食产量的同时威胁着人们的健康。由于水资源短缺,水污染现象严重,给经济带来了非常大的损失。在未来的 50 年,废污水的排放治理对供水基础设施建设提出了更高的要求。针对目前污水治理现状,在未来 50 年,随着工业的迅猛发展,工业用水、废水排放也将随之增加,这势必会给水环境带来更大的压力。所以,如何解决水资源短缺和废污水处理、水环境治理是我国迫切需要面对的问题。

7.北方地区水资源紧缺矛盾尖锐,南方地区洪涝灾害严重

当前世界各国都在密切关注着臭氧层破坏、土地退化沙化、海平面升高、全球气候变暖、资源匮乏等将造成一系列的全球性的环境问题。全球气候变暖影响着降水、水资源和地区性的分配,以及水资源可利用量,但在中国的北方地区也会带来不利的影响,若对未来 50 年内水旱灾害防治任务进行预测,其治理则会更加艰巨,北方地区水资源短缺的矛盾将会更加突出。

经专家们分析,在未来 10~30 年内,黄河每年将缺水 40 亿~150 亿 m^3,如果未来 50 年,黄河流域干旱频发,黄河中下游泥沙淤积量增加,则会增加黄河治理的难度和水资源短缺的情况。在 20 世纪 70 年代、80 年代,黄河以北紧邻的海河流域,尤其是京、津两大城市早在 20 世纪 70 年代、80 年代就发生过用水危机。进入 21 世纪,如果北方缺水迟迟不采取有效措施,将直接影响国家经济发展和社会稳定。

8.粮食增长主要在北方,产粮区与水资源不相匹配的矛盾尖锐

在中国历史上经济区的形成和转移影响着水利的发展,盛唐时期主要经济区在北方,当时水利设施的数量的比重占全国 41%,到宋朝主要经济区由北方转移至南方,造成当时的水利设施的数量只占 7%,到清朝北方又成为政治经济中心,水利设施的数量又上升到占全国 49%。当前,我国的南方是主要的粮食生产地,有着"南粮北运"的形式。但是,粮食生产比较效益并没有随着南方经济的发展而提升,水利建设力度因此降低,粮食增长又由南方转移到北方,导致产粮区与水资源不相匹配的矛盾更加严重,北方旱灾频发。

9.水利工程将进入百年期,巩固改造任务繁重

我国水利目前急需解决两大难题:一是现有水利基础设施逐渐减少的"危机",二是工程保安、维修、更新、配套任务艰巨。到 21 世纪中叶这些水利基础设施将逐步进入百年期。中国约占 55% 的耕地还没有灌排设施,农村有 3 亿多人饮水不安全。全国灌溉面积中有 1/3 以上是中低产田,已建的灌排工程大多修建于 20 世纪50—60 年代,当时的经济和技术条件影响着水利工程的实施,例如一些灌排工程标准低、配套不全,即使经过几十年的运行后,仍有许多工程存在工程老化严重、效益衰减等问题,为此需要采取相关措施进行应对,比如,提高灌溉用水效率,提倡节约用水和提升土地粮食生产率。未来 50 年,只有巩固水利基础设施,提高和充分发挥水利基础设施的效益,才能推动经济社会的发展。所以,为了应对水利基础设施逐步进入百年期出现的问题,就需要加强巩固改造任务。

10.科技含量和管理素质低,提高科技和管理水平任务艰巨

当前,我国科技水平与发达国家相比,仍具有较大差距。所以,需要在未来不断提高水利基础设施效益和水资源利用率,以缓解水资源短缺问题。在水利领域,目前水利科技贡献率只有 32% 左右,由此可知,需要提升对水的有效利用率,改进节水技术,特别是在水利建设的指导思想方面,需要注重建设,健全管理机构,提高管理人员的素质。总之,进入 21 世纪,依靠科技进步,提高水利科技水平和管理人员素质的任务十分艰巨。

11.水价过低,建立水市场经济体制任重道远

由于目前的水价格偏低,人们节约用水的意识不强,容易造成水资源的浪费,水资源也未得到有效利用,不利于筹集用于水资源的开发方面的资金。根据国内外经验可以得出,通过提高供水价格可以提升节约用水意识,延长工程使用年限。所以,制定水资源可持续利用的相关经济政策,能够在某些方面有效缓解水资源的供需矛盾。只有完善并贯彻实施国家发布的收取水费和水价改革的文件,提升人们对水的认识,增强水是商品的意识,才能建立切实可行的水市场经济体制。

12.管理体制分割,影响水资源的统一管理

研究表明,水利包含农业、工业、水运交通、城镇建设、生态环境以及人民的健康水平等方面的内容;水资源利用涵盖了防洪、排涝、灌溉、水电、供水等;水利则是国民经济和社会发展第一位的基础设施。但我国的水利没有被看作是国民经济的基础设施,而是被作为农业的一个重要方面,这样大大降低了水资源的充分利用率,阻碍了生产力的发展。

第二节　水的自然循环与社会循环

一、水的自然循环

太阳能和地球表面对地球表面上的水产生热能作用,水蒸发变为水汽进入大气,进而升到高空形成云。大气环流能够使云在空中移动,通过一定的条件水汽又凝聚成水,且因为重力产生降水的形式。降落的水分别落到地面或海洋中,其中降落在陆地上的水又被分为两种流动形式:一种是在地面上汇合成江河或溪流,称为地表径流;另一种是渗入地下成为地下水,称为地下渗流。这两种水流形式既相互交叉又相互转换,最后流入海洋中。在形成这两种路径的同时,也有一部分水经地面的蒸发和植物吸收后的蒸腾作用又进入大气,这个周而复始的不断进行的过程称为水的自然循环,如图1-1所示。水在地球上是不断循环的,这种循环可以为地球表面调节气候,也有净化环境的作用。

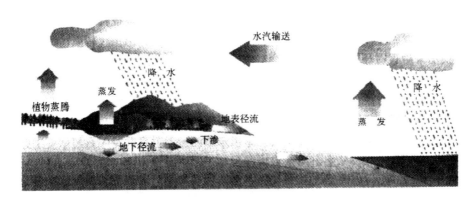

图 1-1 水的自然循环示意图

水循环的内在形成原因是水在通常环境条件下容易发生气态、液态和固态，并且这 3 种状态能够进行转化；外在原因是受太阳辐射和重力作用的影响，它们提供了水的物理状态变化和运动所需的能量；在地球上，水作为水循环的物质基础，分布广，储量大，但是水循环除了受自然因素和人为因素的影响外，还受地球上太阳辐射的强度不均匀的影响，使得不同地区的水循环的情况不同。如在赤道地区以外的太阳辐射强度小，降水量一般比中纬度地区少，尤其比高纬度地区少。

二、水的社会循环

人们从各种天然水体中取用大量的水进行生活和生产，人们在满足生活和生产需求的同时，也制造了大量的生活污水和工业废水，这些未经处理就排放的污水最终又会流入天然水体，造成水体污染。这种水在人类社会中使用的循环形式，被称为水的社会循环。社会循环中取用的水量虽然仅是径流和渗流水量的百分之二三（即地球总水量的数百万分之一），人们对水的取用也逐步显现出人与自然在水量和水质方面的矛盾。为了解决这种矛盾就需要对水体环境保护和治理进行调查研究，维持有序的社会循环。

第三节 水体自净

一、水体自净的概念及其分类

水体自净，又名水体净化，指的是排入水体的污染物，会受到物理、化学与生物化学作用，从而降低或减少污染浓度，甚至受污染的水体会被部分地或完全地恢复原状。而水体所具备的这种能力就被称为水体自净能力或自净容量。但是污染物的数量不能超过水体的自净能力，否则就会产生水体污染。

水体自净过程是较为复杂的，以净化机理划分，可分为物理净化作用、化学净化作用、生物化学净化作用3类。

（1）物理净化作用。是指水体中的污染物在经过稀释、混合、沉淀与挥发等作用之后，降低浓度的过程。

（2）化学净化作用。是指水体中的污染物受到氧化还原、酸碱反应、分解合成、吸附凝聚等作用后，产生存在形态变化或浓度降低现象。

（3）生物化学净化作用。是指水体中的污染物通过水生生物特别是微生物的氧化分解作用，改变其存在形态，降低它的浓度。生物化学净化作用会降低有机污染物的总量，把水体无机化和无害化。所以，生物化学净化作用在水体自净作用中效果最佳。

河流的自净作用在实际应用过程中，应根据河流的具体河段有针对性地进行采用。

二、水体自净的作用

（一）物理净化作用

物理净化作用分为稀释、混合、沉淀与挥发几类。

1. 稀释

水体中有污水排入后，会逐渐形成水-污水相混合的水质，这种使污染物的浓度不断降低的过程称为稀释。稀释作用也会受到对流与扩散运动的作用。但是污水与河水不会完全混合,容易在排污口的一侧形成长度与宽度都较稳定的污染带。

（1）对流。污染物随水流方向（即纵向 x）运动称为对流。对流是沿纵向 x,横向 y（即河宽方向）和深度方向 z（竖向）运动的统称。污染物在水体内的任意单位面积上的移流率可用下式推求:

$$O_1 = U(x,t)C(x,t)$$

$$O_1 = U(x,y,z,t)C(x,y,z,t)$$

式中　O_1——污染物在对流时的移流率,mg/(m² · s);

　　　U——水体断面平均流速,m/s;

　　　C——水体断面污染物平均浓度,mg/L。

（2）扩散。扩散有 3 种方式:①分子扩散,因为污染物分子发生布朗运动使分子发生扩散;②紊流扩散,因为水体流态（紊流）导致的污染物浓度下降;③弥散,因为水体各水层之间产生黏滞运动导致污染物的分散。

湖泊、水库等静水体,由于风生流,异重流（由温度差、浓度差引起）、行船等因素发生的紊动作用,主要以分子扩散形式进行扩散。流动水体的扩散方式主要是紊动扩散和弥散,其中分子扩散可以忽略。

紊流扩散与弥散作用符合虎克定律,可用式（1-1）推求污染物在纵向 x 的扩散量:

$$O_2 = -D_x \frac{\partial C}{\partial x} \tag{1-1}$$

式中　O_2——纵向 x 的扩散通量值,mg/(m² · s);

　　　D_x——纵向 x 的紊动扩散系数,m²/s;

　　　$\frac{\partial C}{\partial x}$——纵向 x 的浓度梯度,mg/m⁴;

　　　"－"指沿污染浓度减少方向扩散。

三维方向的扩散通量为

$$O'_2 = -D_x \frac{\partial C}{\partial x} + D_y \frac{\partial C}{\partial y} + D_z \frac{\partial C}{\partial z}$$

式中　O'_2——三维扩散通量值,mg/(m² · s);

　　　D_x、D_y、D_z——x、y、z 向的浓度梯度,m²/s;

　　　$\frac{\partial C}{\partial x}$、$\frac{\partial C}{\partial y}$、$\frac{\partial C}{\partial z}$——$x$、$y$、$z$ 向的浓度梯度,mg/m⁴。

2.混合

若污水与水体发生混合,污染物浓度会被稀释降低。而河流的混合稀释浓度,取决于污水与水体的比例和混合系数。河流形状、污水排放口形式(包括排放口构造、排放方式、排放量)等因素都会对混合系数产生影响。若要计算出排污口下游某特定断面处的混合系数,可采用式(1-2)。该特定断面称为计算断面或控制断面:

$$\alpha = \frac{L_{计算}}{L_{混合}} \quad (L_{计算} \leqslant L_{混合}) \tag{1-2}$$

式中 $L_{计算}$——排污口至计算断面(控制断面)的距离,km;

$L_{混合}$——排污口至完全混合断面的距离,km;

α——混合系数,当 $L_{计算} \geqslant L_{混合}$ 时, $\alpha = 1$。

当污水完全混合时,完全混合断面污染物平均浓度(mg/L)为

$$C = \frac{C_w q + C_R \alpha Q}{\alpha Q + q} \tag{1-3}$$

式中 C_w——原污水中某污染物的浓度,mg/L;

q——污水流量,m^3/s;

C_R——河水中该污染物的原有浓度,mg/L;

Q——河水流量,m^3/s。

若 $C_R = 0$,且河水流量远大于污水流量时,式(1-3)可简化为

$$C = \frac{C_w q}{\alpha Q} = \frac{C_w}{n}$$

式中 n——河水和污水的稀释比 $n = \frac{\alpha Q}{q}$。

3. 沉淀与挥发

对于水体中可沉的污染物质,可以采用沉淀的方式去除,若水体中的沉淀物减少,污染物的浓度也会随之降低,但底泥中污染物的总量并不会减少反而会增加。但是这种方法也存在弊端,若长期采用沉淀的形式,会导致河床淤塞,在发生暴雨时河床会被冲刷或扰动,河中的底泥会被再次悬浮造成二次污染。沉淀作用的大小可用下式表示:

$$\frac{dC}{dt} = -k_3 C$$

式中 C——水中可沉淀污染物的浓度,mg/L;

k_3——沉降速率常数,d^{-1},如果 k_3 取负值,表示已沉降物质再被冲起。

若污染物属于挥发性物质,挥发会使水体中的污染物浓度降低。

（二）化学净化作用

1.氧化还原

氧化还原作为水体化学净化中的主要反应,其原理是水体中溶解的氧与某些污染物发生氧化反应,比如将铁、锰等重金属氧化成难溶性的氢氧化铁、氢氧化锰,从而发生沉淀。将硫离子氧化成硫酸根,其可随水流流动。这种还原反应多在微生物的作用下发生,如硝酸盐被反硝化菌还原成氮气而被去除,则需要在水体缺氧条件下进行。

2.酸碱反应

水体中存在对排入水体的酸、碱具有一定缓冲能力的物质,如矿物质（如石灰石、白云石、硅石）以及游离二氧化碳、碳酸盐碱度等,这些物质会维持水体的 pH 值。但是需要注意排入的酸、碱量需要与其缓冲能力相匹配,若超过则会导致水体的 pH 值发生变化。如果水体偏碱性,会导致某些物质的逆向反应,例如已沉淀于底泥中的三价铬、硫化砷（AsS,As_2S_3）等,可分别被氧化成六价铬（K_2CrO_4）、硫代亚砷酸盐（AsS_3^{3+}）重新被溶解;若变成偏酸性水体,沉淀于底泥的重金属化合物则会溶解而从污泥中溶出。

3.吸附与凝聚

吸附与凝聚作为物理化学反应,其净化原理为将天然水中大量具有很大表面并带有电荷的胶体颗粒,通过同性相斥、异性相吸的物理现象,把水体中各种阴、阳离子吸收和凝聚,从而产生絮凝沉降,净化水中的杂质。

（三）生物化学净化作用

水体中含氮有机物生物化学净化示意图如图 1-2 所示。含氮有机物等各种污染物在进入水体后,可沉物发生沉淀,形成有机底泥。由于水体底部缺氧,沉淀的有机污染物在厌氧条件下被厌氧菌分解为 NH_3、CH_4、CO_2 和少量 H_2S 等气体,并通过挥发作用进入水体和逸入大气中。另一些悬浮在水中的细小有机物和胶体状有机物在有溶解氧的条件下,经好氧生物作用被分解成铵盐（NH_4^+）、氨（NH_3）、水和二氧化碳。NH_4^+ 与 NH_3 在亚硝化菌作用下被氧化为亚硝酸盐（NO_2^-）,而后在硝化菌作用下被氧化成 NO_3^-。水体中被消耗掉的溶解氧,由水面大气复氧不断得到补充。

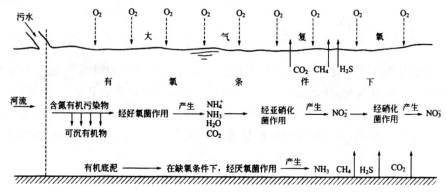

图 1-2　水体中含氮有机物生物化学净化示意图

第四节　天然水的组成与性质

一、天然水的组成

(一)天然水中的主要离子

天然水体中存在许多盐类物质,包括钠、镁、铁等的硫酸盐、硝酸盐、碳酸盐和卤化物等可溶性盐类和一些不溶盐类。天然水中常见的八大离子为 K^+、Na^+、Ca^{2+}、Mg^{2+}、HCO_3^-、NO_3^-、Cl^-、SO_4^{2-},占天然水离子总量的 95%～99%。水中的金属离子常以多种形态存在,可以通过酸碱解离溶解-沉淀及氧化还原等用达到最稳定的状态。

天然水体中的主要阳离子有 Ca^{2+}、Mg^{2+}、Na^+、K^+ 等,这些离子主要来自天然矿物。Ca^{2+} 是天然淡水中含量较多的阳离子(浓度为 25～636mg/L),其地质来源很多,通常来自钙长石等。Mg^{2+} 在天然淡水中浓度为 8.5～242mg/L,主要来自镁橄榄石等。Na^+ 是表征高矿化水的主要离子。Na^+ 在天然水中的浓度为 1.0～124mg/L。尽管淡水中都含有 Na^+,但其含量远远小于 Ca^{2+} 和 Mg^{2+},Na^+

极易溶解,在环境中很难沉淀,可被黏土矿物吸附。K^+在天然水中的浓度为0.8~$2.8mg/L$,主要来自正长石矿物。同Na^+一样,K^+在环境中很难沉淀。Al^{3+}、Fe^{3+}、Mn^{2+}在水中很少,一般不超过$1mg/L$。铝大多以溶解度很小的$Al(OH)Cl_2$、$Al(OH)Cl$、$Al(OH)_3$等胶体形式存在于水体中。铁多以$Fe(OH)^{2+}$、$Fe(OH)_2^+$、$Fe_2(OH)_2^{4+}$、Fe^{3+}形式存在于水体中。锰容易氧化形成水合MnO_2,使水质混浊。天然水体中的主要阴离子有Cl^-、SO_4^{2-}、HCO_3^-、CO_3^{2-}等。Cl^-是海水中的主要阴离子成分,主要来源于沉积岩(卤石岩等)。各种天然水中的Cl^-含量差别很大,河水中Cl^-含量为1~$35mg/L$,而海水中高达$19.35g/L$。HCO_3^-和CO_3^{2-}是淡水的主要阴离子成分。在河水和湖水中,HCO_3^-的含量一般不超过$250mg/L$,少数情况可达$800mg/L$。SO_4^{2-}由金属硫化物与氧气反应生成而进入水体,该过程可用下式表示:

$$2FeS_2 + 7O_2 + 2H_2O = 2FeSO_4 + 2H_2SO_4$$

(二)溶解性气体

天然水中含量较多的气体分别为氧气、氮气、二氧化碳,其中含量较少或者在特殊条件下出现的气体有硫化氢、甲烷、氨气和氦气。其中氧气和二氧化碳除了对水生生物的生存和繁殖有着重要影响外,还对水中物质的溶解和反应等化学过程和微生物的生化过程有着重要作用。溶解在水中的氧称为溶解氧(DO),DO主要指空气溶解以及水生植物光合作用所产生的氧。生物的呼吸作用和有机物的氧化过程都会消耗水中的DO。特别是水体在受到有机物的严重污染时,水中DO量则可能会为零,有机物在没有氧的条件下就会发生腐败发酵,加重水质恶化情况。

天然水体含有溶解的二氧化碳(CO_2),其中大部分CO_2主要来源是水体或土壤中有机物氧化时的分解产物,以及空气中CO_2在水中溶解。但是,当水中CO_2浓度过高时,则会影响水生动物的呼吸和气体交换过程,严重的可致生物死亡。通常,水中的CO_2含量不应超过$25mg/L$。

天然水中还有少量硫化氢(H_2S),主要来源于含硫蛋白质的分解和硫酸盐类物质的还原作用,还有火山的喷发等。一般地表水中H_2S含量很低,而在深层地下水、矿泉水中H_2S含量较高。

生物的生存会受到溶解在水中气体的影响。如水生动物(鱼等)需要吸入氧气呼出二氧化碳,而溶解氮的存在会在鱼血中产生气泡,使鱼死亡。

（三）有机物

与无机物相比，有机物在清洁的天然水体中的含量相对来说要少很多，但种类较为复杂。通常，低分子量的有机物易被微生物分解利用，并转变成简单的无机化合物。比如碳水化合物、脂肪酸、蛋白质、氨基酸、色素、纤维素及其他一些低分子量的有机物等。在动植物残体腐败的过程里，也有一部分难以被降解的物质，比如油类、蜡、树脂和木质素等，这些残余物与微生物的分泌物相结合，常形成一种褐色或黑色的无定形胶态复合物，这种复合物通常被称为腐殖质。在自然界中腐殖质的分布较广，如河流、湖泊、海洋、水体底泥和土壤中都含有。

（四）水生生物

水生生物对水体中物质的浓度有着直接的影响，具有代谢、摄取、转化、存储和释放等作用。天然水体中的生物不仅数量多，而且种类多。可把这些水生生物划分为以下 4 类：底栖生物、浮游生物、水生植物和鱼类。而水质也会受到水体中的微生物的影响，可将其简单分为植物性的和动物性的两类。植物性微生物可根据其体内是否含叶绿素分为藻类和菌类微生物。一般的细菌（单细胞和多细胞）和真菌（霉菌、酵母菌等）都属于体内不含叶绿素的菌类。生活在水体中的单细胞原生动物以及轮虫、线虫之类的微小动物都是动物性的微生物。生活在天然水体中的较高级生物（如鱼）在数量上只占相对很小的比例，所以它们对水体化学性质的影响较小。相反，水质对它们生活的影响却很大。

1. 细菌

细菌影响着天然水体环境的化学性质。它们身体构成简单、形体微小，较易繁殖，分布较广。根据它们的外形可把细菌分为球菌、杆菌和螺旋菌等。从生态角度看细菌，其表面比较大，具有从水体摄取化学物质的极强能力，此外，细胞内含有各种酶催化剂，加速了生物化学反应速度，所以它们中多数是还原者。也可将它们看作是单细胞或多至几百万个细胞的群合体。单细胞细菌形体的示意图如图 1-3 所示。细胞体表面荚膜层中的多糖或多肽类化合物，可以保护其不受其他微生物进攻。在荚膜层上联结着的基团（羧基、氨基、羟基等），受水体中 pH 值的影响，可能通过这些基团的电离或质子化作用等使细胞体表面带电：低 pH 值条件下 $+H_3N$（$+Cell$）CO_2H（带正电），中 pH 值条件下 H_3N（$Cell$）COO^-（不带电），高 pH 值条件下 H_2N（$-Cell$）COO^-（带负电）。

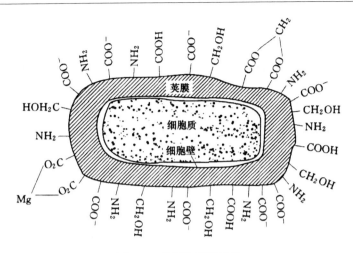

图 1-3　单细胞细菌形体

根据细菌的营养方式,可把细菌分为自养菌和异养菌两类。其中,自养菌可以把无机碳化合物转化为有机物,光合细菌(绿硫细菌、紫硫细菌等)和化能合成细菌(硝化菌、铁细菌、氢细菌、硫氧化细菌等)属于此类。属于化能异养型细菌数量占大部分,但是它们需要现成有机物来作为自身机体的营养物去合成有机物。异养菌又可以分为腐生菌和寄生菌两类。腐生菌包括腐烂菌、放线菌等,它们主要是从死亡的生物机体中摄取营养物;寄生菌则不同,它们需要生活在活的机体中,通过进入水体的生物排泄物的方式传播疾病,多为一些病原性细菌。

根据有机营养物质通过呼吸作用中所用的受氢体种类,还可将细菌分为:①好氧细菌,如醋酸菌、亚硝酸菌等,这些类别的菌体生活的环境有氧的存在,并在呼吸时将氧分子(大气中氧或水体中溶解氧)作为受氢体使用;②厌氧细菌,如油酸菌、甲烷菌等,这些类别的菌体只能在没有氧气的环境中存活,在土壤深处或者生物体内进行呼吸、生长和繁殖等一系列的生命活动,厌氧细菌在进行呼吸时需要将有机物分子本身或 CO_2 等当作受氢体;③兼氧细菌,如乳酸菌等,这类细菌生活的环境有无氧气都可以,它们会根据环境的不同来选择不同的呼吸过程。菌体中的水约占组成物质的 80%,有机物质约占组成物质的 18%,少量无机物约占组成物质的 2%。

2. 藻类

藻类是一种在水中生活且比较常见的浮游类植物。从生态角度来看,藻类作为缓慢流动水体中的生产者,在阳光照射时,释放出氧,并把水、二氧化碳和溶解性氮、磷等营养物转变为有机物。藻类在合成有机物后会使用其中一部分进行呼吸，另一部分供给自身细胞物质需要。在没有阳光照射时，藻类一方面会消耗溶解在水中的氧气，另一方面会消耗自身体内的有机物，以维持生存，所以在没有阳光照射的地方，即暗处的水体是缺氧的。根据藻类结构对藻类进行划分，可以将其分为单细胞、多细胞或菌落等类别。一般河流中可见到的有绿藻、硅藻、甲藻、金藻、蓝藻、裸藻、黄藻等大类，它们的外观具有相似性，大多具有鲜明的颜色。水体中藻类的种类和数量会受到季节和水体环境条件（底质状况、含固量、水速、水污染状况等）的影响。藻类中某些种类的形体如图 1-4 所示。

（a）绿藻（衣藻属）　　（b）硅藻（舟形属）　　（c）蓝绿藻（念珠藻属）

图 1-4　藻类的形体

二、影响天然水组成的因素

溶质自身物理、化学性质、区域外部条件等因素会影响天然水中溶质组分含量的变化。可将这些外部因素分为直接和间接两类。能直接对天然水中溶质组分含量的变化起到影响的因素，称为直接因素。例如岩石、土壤及生物有机体对天然水成分的影响属于直接影响因素；像气温、蒸发等气象因素，虽然不直接向水体输入任何成分，但可以使天然水中溶质成分的赋存条件发生改变，间接地改变溶质含量，称为间接因素。

（一）气象因素

天然水中某些主要离子成分会受到大气降水、气温、蒸发等气象因素的影响。例如，干燥气候会减缓天然水体的侵蚀速度，蒸发作用会使土壤中已经溶解的风化产物产生浓缩现象，甚至可能引起水中溶解固体含量增高。天然水体的化学成分随着气象因素年际和年内的波动呈现出一定的变化规律。例如，具有潮湿和干燥季节性变化特征的气候有利于风化反应，因此在一年内，其他季节比某些季节产生的可溶性无机物的量小，产生这种气候地区的河流流量比其他气候波动大，水的化学组分的变化范围也较广。

1.蒸发

影响天然水化学成分其中的一个重要因素就是蒸发,干旱、半干旱地区表现较为明显,蒸发较为强烈,起到的作用最大。当发生蒸发作用时,地表水体由溶解度小到溶解度大开始析出无机盐分。因而,使地表水的化学性质也发生改变,譬如西北地区有些原本以重碳酸盐型水为主的湖泊,在蒸发的强烈作用下转变为硫酸盐型水→硫酸盐-氯化物型水→氯化物型水。

蒸发除了对地表水体化学性质有影响外,还对地下水的化学成分也造成了一定的影响,尤其是与地表水交换比较密切的潜水。按潜水的蒸发过程可分为毛细蒸发和岩土内部蒸发两种形式。其中毛细蒸发指的是在潜水的埋藏深度小于毛细上升高度时,地下水则沿着毛细管下降,反之,则上升,经过蒸发返回大气。因此,毛细蒸发是将地下水从下向上转移的过程,在这一过程中携带一定的盐分到表层土壤,所以过度蒸发会造成土壤盐分增加,甚至会形成盐渍土,而潜水自身的矿化度没有发生变化。岩土的内部蒸发是指水分子由潜水面扩散到空气中,但是盐分还存留在潜水里。在干旱地区,这种蒸发过程会使潜水中的盐分发生累积现象,最后产生高矿化度的咸水或卤水。

2.温度

温度对水体溶质成分的影响很多。下面主要分析其中的两种:一是温度会使各种生物化学的反应速率发生变化,其中也包含生物群为媒介物的反应过程;二是水温会使天然水中溶质溶解性能发生变化,改变天然水溶解度的大小。例如,某些盐湖水的化学成分具有明显的季节性变化规律。但这些盐湖的矿化度也比较高,像 $NaCl$、Na_2SO_4、Na_2CO_3、$MgCl_2$ 等属于易溶类盐,它们的溶解度都可以上升到每升几十克或几百克。在水温从 $40℃$ 降低到 $7℃$ 时,Na_2SO_4 的溶解度会下降至原来的 $1/6$;Na_2CO_3 的溶解度会下降至原来的 $1/8$。所以,从秋天开始,硫酸湖会结晶,产生芒硝($Na_2SO_4 \cdot 10H_2O$),苏打湖也会结晶,产生苏打,与此同时,盐湖水的主要化学成分发生了改变。除了上述影响外,地表淡水的化学成分还受到温度的影响。当温度升高时,$Ca(HCO_3^-)$ 会被分解析出碳酸钙,所以湖水才会在太阳灼热的夏天产生方解石的沉淀现象,而且还会减小水体的矿化度。

在多年的冻土地区,气温变化会对水体的矿化度产生影响。在水冻结过程中,在冰和水之间会把盐分进行再次分配。盐有选择性地析入到冰中,在冰结晶时会析出难溶合物,而在水中则保存了在低温条件下最易溶解的化合物,如 $CaCl_2$、$MgCl_2$ 和 $NaCl$。而冰在融化时,会将钙和镁的碳酸盐及钙和钠的硫酸盐不完全转入水中。在重碳酸钙型淡水的冻结和融化过程中,因为有盐分析出,所以在经过重碳酸镁型水阶段,最后将形成重碳酸钠型水。

(二)生物化学因素

以生命体为主的生态系统在维持自身运转的同时,会发生与水体中的溶质紧密相关的一系列生物化学反应,这在一定程度上会使天然水的化学组成部分发生变化。水体受空气和阳光因素的影响,这些因素存在时维持生命就会表现得尤为突出。这些条件不存在时,如地下含水层中,生物活动通常并不重要。但是,在水文循环运动的某些环节中,这会对所有的水产生影响,这其中产生的残余效应也可见到,甚至在地下水中也可发现。

1. 微生物的影响

天然水化学成分在发生演变时,微生物在这个过程中发挥着非常重要的作用。据研究发现,大部分水体中都含有一定数量的微生物,例如湖泊、河流、海洋,甚至是在埋藏较浅的地下水中也有微生物的存在,它们可以在这种环境中进行生长和繁殖。微生物本身对环境就具有较强的适应能力,它们能够在超出其他生物的温度范围内(由零下几摄氏度到 $85\sim90$℃)生存,微生物对适宜生存的水体矿化度范围要求也比较宽泛,有些盐水中也能发现有盐生细菌的存在。但是,这并不意味着微生物在任何条件下都可以存活,总体来说,过高的矿化度和温度不利于微生物生存甚至会抑制它们的活性。

水体中的微生物会把各种有机物分解为简单的无机物来当作营养物,从中取得构成细胞本身的材料和活动需要的能量,来进行生长和繁殖等生命活动,而在这个过程中水体的化学成分也发生了改变。根据细菌是否利用有机化合物作为主要养料来进行分类,利用的为异养细菌,没有利用的为自养细菌。在水体中存活的大部分为异养细菌,它们都能使水中的有机物降解为小分子物质。

微生物之所以能够进行各种复杂的代谢活动,是因为体内含有各种复杂的酶体系。又因为不同的细菌细胞拥有的酶种类不同,所以它们新陈代谢的功能也并不相同。在这里列举以下几种细菌:①好氧细菌含有氧化酶体系,具有吸收利用氧气的作用;②厌氧细菌含有脱氢酶体系,具有能在无氧环境中生长的作用;③兼氧细菌具有脱氢酶、氧化酶两套酶体系,在有氧、无氧环境中都能进行呼吸;④固氮菌具有固氮酶,能将空气中的氮还原为氨。

不同微生物是影响水化学成分的因素之一。水体中的硫酸盐会被脱硫菌还原为硫化氢(脱硫作用),使 SO_4^{2-} 形成 H_2S 和 CO_3^{2-} 含量减少,水的化学类型因此发生改变;水体中蛋白质等有机物质可被造氨菌分解,生成氨气;水体中的氨氮可被硝化细菌氧化为亚硝酸盐和硝酸盐。

2.水生生物和植物的影响

水体化学成分的变化是受到水体中生物或与水体联系密切的生物的影响,这些生物在构成一个生态系统的同时,还使水环境中的一系列生物产生化学过程,使得水体化学成分也发生了改变。譬如,在池塘或河流底部的植物根部以及漂浮植物在光合作用下吸收 CO_2,释放 O_2,而它们的呼吸作用与此相反。水体中藻类和水生植物的生长需要氮、磷等营养元素,水体中藻类和水生植物的生长会从水中吸收营养元素,使水体的营养元素含量降低,水生生物数量增加。

水体中藻类和水生植物的生长需要氮、磷等营养元素,在其生长过程中会从底部沉淀物中通过根部吸收或直接从水中吸收,从而使水体中的营养元素含量降低,同时水生生物数量增加。在其生长和衰亡循环过程中产生的有机残渣,一部分在水体中被微生物分解,另一部分沉淀到水体的底部,在那里作为其他类型生物体的食物。水体中的其他溶质(包括某些微量组分),有可能是某些种类生物群的基本营养,如硅酸盐是硅藻生长的必要元素,由此,水体中某些微量元素的浓度也可能是由某些生物过程控制的。

在干旱地区,植物是影响潜水化学成分的重要因素。植物会在生长过程中发生蒸腾,失去大量的水分,造成潜水水位降低、潜水矿化度增加以及化学成分的改变。植物对水溶液中离子的吸收具有一定的选择性,这能够改变水的 pH 值和化学类型。植物的这种选择能力,是指有些植物品种能从溶液中吸收并在体内大量积累某些固定的化学元素。例如,碱蓬、海蓬子等盐生植物对氯离子有着较好的选择性能。另外,植物对土壤的酸碱度也有一定的影响,例如,针叶林由于其有机残骸的酸性,能增加土壤的酸性;阔叶林和草本植物正好相反,有利于土壤溶液中碱的聚存。阔叶林与针叶林的交替,伴随着潜水 pH 值的改变。一些水生植物还能够在其组织中积累某些重金属,并使得其重金属含量比周围水体的浓度高 10 倍以上,许多植物还含有能与重金属结合的物质成分,从而参与重金属的解毒过程。如芦苇、水湖莲和香蒲等对 Al、Fe、Be、Cd、Co、Pb、Zn 等重金属均有显著的富集作用,其中芦苇对 Al 净化能力高达 96%,对 Fe 的净化能力达到 93%,对 Mn 的净化能力达到 95%，对 Pb 的净化能力为 80%，而对 Be 和 Cd 的净化能力更是高达 100%。

（三）水文地质因素

地表周围岩石中的矿物溶解会使天然水中产生离子。流经岩石的水体化学成分会受到不同地区岩石的化学成分差异，矿物的纯度和晶体大小、岩石结构、孔隙、暴露时间的长短，以及许多其他因素的影响。

1.土壤特征的影响

天然水的化学成分是土壤形成过程或土壤化学反应的直接作用结果。大气降水在进入土壤后会溶解或淋滤了土壤中的各种矿物，再通过地下径流的方式将土壤中的可迁移物质带走的同时，改变自身的化学组成。

土壤的性质决定水在和土壤接触的时候，能从土壤中获得什么样的成分和获得量的多少。水在强烈淋溶的土壤渗透后，如红壤、砖红壤和灰化土，会产生少量的离子数量，水发生酸性反应。水在透过含有大量盐基的土壤（如棕钙土、栗钙土、荒漠土或盐渍土）时获得大量盐基离子，水发生碱性反应。水透过土壤后会提升 CO_2 含量，降低 O_2 含量，这是因为土壤中的有机质在微生物作用下分解会消耗 O_2，产生 CO_2。水透过土壤时还会发生离子交换反应，引起水的成分的变化。

影响土壤水化学组成的因素包括：硅酸盐或其他矿物的溶解或蚀变；较难溶解的盐类的沉淀；植物对营养元素的选择性去除和循环；产生 CO_2 的生化反应；矿物和有机表面对离子的吸附与解吸；蒸腾引起的溶质浓缩；气态氮转化为能被植物吸收的形式。普通空气所含有的二氧化碳通常比土壤空隙中的低 10～100 倍，在土壤中移动的水能溶解其中的一些 CO_2、H^+、HCO_3^- 和 CO_3^{2-}，是影响水的 pH 值以及侵蚀岩石矿物的主要潜在因素。

2.岩石类型的影响

在各类岩石中，岩浆岩的风化作用会影响供给天然水溶质成分，它能够为天然水中各种离子成分提供最初的来源。但是岩浆岩会产生风化作用，长期会形成厚层的沉积岩，当前沉积岩主要出现在大陆的大部分地区，其中可溶盐的含量占 5.8%（按质量计），是正在循环的陆地水中各种离子的主要来源。米勒（Miller）经过研究发现，花岗岩地区的水分为软的重碳酸盐钙型水或重碳酸盐钠-钙型水两类，发现在大气和成土过程中花岗岩地区水中会有重碳酸根产生；砂岩地区中等硬度重碳酸盐水的生成受砂岩中的碳酸钙胶结物的溶解影响;花岗岩与石英岩地区这两类岩石风化产物的难溶性影响着软水的生成。

影响地下水溶质成分的因素有岩石类型,阳离子成分的变化十分明显。潜水特点是 Mg^{2+} 数量较多;在正常花岗岩风化的初期,水中的阳离子主要为 Ca^{2+},但有钠长石的花岗岩时,水中 Na^+ 浓度明显升高。岩石的化学成分对阴离子组成几乎没有什么影响,但当岩浆岩中有一定的硫化物时,会引起黄铁矿族矿物的氧化和淋溶,提高了水中 SO_4^{2-} 的数量。

三、天然水的性质

纯水具有无色无味无嗅的液体属性。自然界中的水不是纯水,其中会含有化学物质或其他杂质。

(一)凝固点和沸点较高

水的凝固点和沸点比同族其他氢化物异常高。在标准大气压力下,水的凝固点是 0℃。当水温低于 0℃ 时,水分子运动减缓,它们之间的排列也会形成相对有序的固定位置。这时,一旦振动,水就会转变为固态,即凝结成冰。当固态水受热后,某些水分子发生能够克服分子间吸引的作用,固态转变为液态。0℃ 时,冰的融化热为 6.02kJ/mol。在标准大气压下,水的沸点为 100℃,此时水的汽化热为 40.67kJ/mol。水蒸气遇冷即凝结成液态水。无论水分子处于哪种形态,它的状态都是不停运动的,而水的不同形态影响着其不同的运动速度。自然界中水的循环实质上就是指水的 3 种物理状态不断互变的过程。

(二)热容量大、热稳定性高

水具有很高的热容量,达 75.3J/(mol·K),即当水获得(或失去)较多的热量时,意味着一定质量水的温度发生了改变。因此,天然水体能够缓冲和稳定其邻近区域的气温。因此,这不仅使大型水体很少发生水温剧变现象之外,还避免了水生生物因水温骤变而造成的有害影响。水的汽化热比其他任何物质都高,这除了同样具有稳定水体周围地理环境温度的功效之外,还对水体和大气之间的热量和水蒸气转移产生一定的影响,水的这种特性对缓解和调节环境气温有重要作用。

(三)温度-体积效应异常

在 0~4℃ 范围内,水的体积随温度降低而增大,水在 4℃ 时体积最小而密度最大。对流作用就是在寒冷的季节里,由于天然水的表层温度不断下降,密度也逐步增大,造成底部下沉,而底部密度相对小的水会上升,一直进行到全部的水都冷却到4℃为止。当表层水水温降到0℃时就会结冰。因为冰的密度比下层水体小,冰会在表层水上,而浮冰下面的水仍是液体的状态。利用这种特殊的密度和温度关系可以通过防止水底部完全冻结,这种方法可以为水生生物的生存创造条件。

(四)溶解的反应能力极强

由于水分子间含有氢键,所以水具有某些独特的性质。譬如水的介电常数比其他任何液体都高,用水做溶剂能够使大多数离子性物质易溶于水中,产生离子化。水作为一种良好的溶剂,在生命体的新陈代谢过程中,具有营养物质和废弃物质的基本传送介质作用,经常参与一系列有关的生理和生化反应过程。当然,水是一切生命体生存、生物圈及生态系统存在的重要条件。水会使各种物质相互作用,其电离度极小,但能够在反应中释放 H^+ 和 OH^-,所以为大量化学反应提供了介质,这也是天然水体成为极其复杂的体系的原因之一。

(五)界面特性突出

水的表面张力仅次于汞,达到 0.7035N/m(18℃),而一般液体大多在 0.2～0.5N/m 之间。水的各种界面特性,譬如毛细管、润滑、吸收等现象都很突出,在各种物理化学过程和机体生命活动中都有着重要的作用。

(六)存在碳酸平衡

在天然水中存在碳酸平衡:水中的 CO_2 形成酸,会与岩石中的碱性物质发生反应,当沉淀反应发生后,就会有沉积物产生,其也随之从水中除去。而在水和生物体之间的生物化学发生交换时,CO_2 占有独特地位,溶解的碳酸盐化合态与岩石圈、大气圈进行均相、多相的酸碱反应和交换反应,对于调节天然水的 pH 值和组成起着重要作用。

(七)具有缓冲能力

天然水体具有缓冲能力,其 pH 值一般在6～9之间,而且对于某一水体,其pH 值几乎保持不变,这表明天然水具有一定的缓冲能力,是一个缓冲体系。一般认为,各种碳酸化合物是控制水体 pH 值的主要因素,并使水体具有缓冲作用。但研究发现,水体与周围环境会产生多种物理、化学和生物化学反应,影响着水体的 pH 值。

(八)天然水的碱度与酸度

天然水中酸碱性指标有碱度和酸度。碱度是指水中能与强酸发生中和作用的全部物质,即能接受质子 H^+ 的物质总量。组成水中碱度的物质可以归纳为 3 类:①强碱,如 NaOH、$Ca(OH)_2$ 等,在溶液中全部电离生成 OH^- 离子;②弱碱,如 NH_3、$C_6H_5NH_2$ 等,在水中有一部分发生反应生成 OH^-;③强碱弱酸盐,如各种碳酸盐、重碳酸盐、硅酸盐、磷酸盐、硫化物和腐殖酸盐等,它们水解时生成 OH^- 或者直接接受质子 H^+。后两者物质在中和过程中不断产生 OH^-,直到全部中和完毕。和碱度相反,酸度是指水中能与强碱发生中和作用的全部物质,即放出 H^+ 或经过水解能产生 H^+ 的物质的总量。组成水中酸度的物质也可归纳为 3 类:①强酸,如 HCl,H_2SO_4,HNO_3 等;②弱酸,如 CO_2、H_2CO_3、H_2S、蛋白质以及各种有机酸类;③强酸弱碱盐,如 $FeCl_3$、$Al_2(SO_4)_3$ 等。

第二章　水体污染与污染源

人类的生产和生活离不开水,经人类使用过的生活污水和生产废水中含有大量的污染物质,排回天然水体中会污染水质,影响着人类对水体的再利用。因此保护水资源,防止和控制水体污染十分有必要。本章主要论述水体污染的危害,水污染的种类,污染源分类、调查与评价,以及水污染控制基本方法。

第一节　水体污染的危害

一、水体的无机物污染危害

无机污染物指的是各种有害金属、酸性物质、碱性物质、盐类以及无机悬浮物等。

pH 值是判定水体污染程度的重要指标之一。适合生物生存的 pH 值范围是很狭小且敏感的。污水的 pH 值无论是高还是低都会影响生化处理的进行,甚至使受纳水体变质。酸性较强的污水会腐蚀排水管道和污水处理设备,未经中和处理的污水排出到水体中,会导致鱼类死亡,严重影响渔业生产。

污水中的氮有无机氮和有机氮两种存在形式。氨氮、硝酸氮和亚硝酸氮是无机氮。亚硝酸氮的结构不稳定,可以还原成 NH 或氧化成硝酸氮;蛋白质、尿素、氨基酸、尿氮等物质中所含的为有机氮。

污水中的无机氮和有机氮总称为总氮。经过氨化作用,有机氮可以转化为氨氮,在氧气充足的条件下,氨氮氧化为亚硝酸氮,然后进一步通过氧化作用转化为氨氮,这一过程需要的氧是氨氮重量的 4.57 倍,因此如果水中的氨氮浓度过高,会导致水体黑臭。水体中的氨氮浓度超过 1mg/L 时,水中生物的血液结合氧的能力就会降低；当氨氮浓度超过 3mg/L 时，水中的金鱼、鳊鱼会在 24～96h 内死亡。亚硝酸盐对动物的毒性很强，亚硝酸盐能促使血液中的血红蛋白转化为高铁血红蛋白，高铁血红蛋白不能与氧结合，致使生物缺氧死亡。在人体内，硝酸盐能够被还原为亚硝酸盐。

磷的化合物对藻类及其他微生物具有很重要的意义，但磷化合物过量会导致有害藻类大量繁殖。水中藻类的死亡分解过程会消耗大量的溶解氧。藻类过多会使水产生臭味，导致水质恶化。在污水中，磷主要以多聚磷酸盐、正磷酸、有机磷等形式存在。

硫化合物常含有硫酸盐，硫酸盐在厌氧菌的作用下会发生还原反应，生成硫化物及硫化氢，生成的硫化氢又会被生物氧化为硫酸，硫酸具有极强的腐蚀性，会腐蚀水管，当硫化物浓度大于 200mg/L 时，还会导致生化过程的失败。

除此之外，铜、铬、汞、铅、氟、氰、砷等化合物也一定程度上会污染水体及水生物。

采矿和冶炼过程，一些工业废弃物、生活垃圾等重金属都直接危害着人、畜。废旧电池的危害主要集中在电池内部少量的重金属上，在使用电池的过程中，其组成物质被封存在电池内部，不会对环境造成影响。经过长期的腐蚀和磨损，内部的重金属物质和酸碱等泄露出来，渗入土壤或水源，最终通过各种途径进入人的食物链。

镉、汞、铅等有毒物质进入体内后，是不容易被排出的，会对人体神经系统、骨骼和造血功能带来损害，严重的可能会致癌。人食用或者饮用被镉污染的食物或水后，会引起骨骼和肾的病变，人体摄入超过 20mg 的硫酸镉后，会造成死亡。铅进入人体后，会引起神经错乱、贫血等症状。六价铬毒性很大，能够引起皮肤溃疡，甚至有致癌作用。饮用被砷污染的水会中毒。这是因为砷能抑制酶的活性，影响机体的代谢，使皮肤角质化，引发皮肤癌。通过食物链的传递，汞逐渐集中，以鱼为食的生物的神经系统会受到损坏。

二、水体的有机物污染危害

有机物污染的污染物来源主要有动物尸体、植物、食物、粪便中的有机成分以及其他由人工合成的有机物。有机污染物能够大量消耗水中的溶解氧，给水中鱼类的生存造成威胁，甚至影响水中需氧微生物的生存。这类需氧微生物能够分解有机质，维持水体的自净功能。这些微生物一旦死亡，水体的自净功能会降低，进而导致水体发黑、变臭，大量毒素积累。随着社会的发展，工农业生产污水中的复杂有机物组分越来越多,此外,一些稳定性较高的有机合成化合物农药也对水质造成了污染。这些物质通过食物链的富集,最后进入人体,使人体中毒。当前的水体污染问题中,以有机物污染的矛盾最为突出。

(一)饮用水中微污染物的种类、来源与危害

饮用水中的微污染物包括有机微污染物和无机微污染物两类。

饮用水中的有机微污染物主要分为两大类:天然有机物(NOM)和人工合成有机物(SOC)。在自然循环过程中,动植物经过腐烂变质产生的物质叫作天然有机物,主要包括腐殖质、动植物组织的溶解物、微生物分泌物以及动物废弃物等。人工合成有机物有致毒性,有些物质甚至能够致癌,人工合成有机物是饮用水致突变活性增强的重要起因。

主要的无机微污染物有 Pb(Ⅱ)、As(Ⅲ)、Hg(Ⅱ)、Cu(Ⅱ)、Cr(Ⅴ)等重金属离子和氟离子。矿冶、化工、机械制造、电子等工业生产过程会产生大量的重金属离子废水,天然地质结构中也会缓慢溶出重金属离子,这些都是饮用水中重金属离子的来源。矿山工业会产生大量的采矿和选矿废水,其中含有大量的重金属离子和矿物质悬浮物。有色金属冶炼工业会产生大量含有砷、铬、汞等元素的废水。一些轻工业和化学工业同样会产生大量的含重金属离子的废水。这些废水必须经过处理才可排放出来,否则会对饮用水源造成重大污染。饮用水中只要含有微量的重金属离子就会产生毒性效应,人饮用后会危害自身健康。

长期饮用被微污染物污染的水,可导致人体组织或器官癌变、畸形或突变。相关研究结果显示,自来水中有机污染物达到一定的范围后就会损害细胞的 DNA。长期处在高剂量氯化消毒副产物环境中的动物,患肾癌和肝癌的风险更大。除此之外,饮用水氯化消毒产生的呋喃酮是一种强致突变物质,对人体有很大危害。Cedergren 等人对瑞典婴儿的出生缺陷因素进行研究,发现饮用水中的三氯甲烷含量越多,人患先天性心脏病的概率就越大。

还有学者对挪威全国新生儿进行流行病学调查,显示新生儿心脏病和呼吸系统的出生缺陷与饮用水中有机微污染物存在密切联系。而无机微污染物同样可对人体健康产生长期的危害。进入饮用水中的重金属离子可在人体积累,阻碍肌体的代谢,对人类健康造成危害。美国疾病控制中心和国际防癌研究机构已将砷确定为第一类致癌物。

（二）酚类物质的危害

酚可以明显改变污水的水质，在水厂消毒氯化时，极少量的酚都可以发生反应生成氯酚（一种使水产生恶臭的物质）。高浓度的苯酚可使水中的生物死亡。水中苯酚的耗氧量巨大，因而水体溶氧不足，酚类和有机物的降解速率降低，水中酚类污染物大量积累，水质恶化。一旦受到酚类污染物的影响后，水体中水产品的质量和产量就会受到严重影响。水体中的酚浓度偏低的话，会影响鱼类生物的洄游繁殖，酚浓度在 $0.1\sim0.2mg/L$ 时，鱼肉带有酚的味道，而酚浓度较高则会引起鱼类大量死亡。有学者对虹鳟鱼酚中毒的病理学影响进行研究，发现酚浓度在 $6.5\sim9.3mg/L$ 时，鱼类的鳃和咽会被破坏，造成体腔出血和脾肿大。

酚类污染物还会影响农作物的生长，使农产品具有酚味。有关实验证明，当水中酚的浓度为 100×10^{-6} 时，会抑制水稻的生长和发育；浓度达到 $(250\sim500)\times10^{-6}$ 时严重受害。蔬菜最易受到酚污染，如酚浓度在 50×10^{-6} 以下较适宜黄瓜的生长。一般而言，低浓度的酚可以改变蛋白质的性质，高浓度的酚可使蛋白质沉淀，直接危害各类细胞。长期饮用被酚污染的水源，可使人出现头昏、瘙痒、贫血、出疹等症状。

（三）石油污染的危害

在陆地上很少出现大量倾泻石油的现象，石油对陆地造成污染的机会很少，所以石油的污染主要是水的污染。由于海上石油的开采、运输等使得海水受到污染，进而污染沿海作业的渔具和水产品，使得近海水生物受到危害。全世界每年有将近 1000 万 t 的石油排放入海中，由于石油具有疏水性，每升石油大概可污染 $1000\sim10000m^2$ 的水面，使空气与水体隔离开来，水体中的生物会因为缺氧而受到生存威胁。海上风大浪急时，石油和海水得以充分接触，可溶性烃类溶入海水被藻类和浮游生物直接吸收，海洋生物通过吞食石油颗粒（吸附于有机或无机颗粒上），或由鳃吸收溶于水的石油烃，以及经动物表皮进入体内等。

石油的组成成分中含有有毒物质，稠环芳烃是其中一种，沸点在 $300\sim400℃$ 间，可致癌。石油会严重损害海兽、鱼类以及两栖动物。美国圣巴巴拉发生过一起油田事件，导致 4 头海豚、5 头鲸因油块堵住喷水孔或鼻孔而窒息死亡。石油还会刺激海豹的眼睛，英国发生过一起油船失事事件，一头雌性海豹受到石油的污染导致双目失明。

除以上危害之外，石油还会破坏海滨环境，降低海滨的使用价值，甚至影响局部地区的水文和气候条件,降低海洋的自净能力。

(四)表面活性剂(洗涤剂的主要成分)的危害

由于石油工业的发展迅速,表面活性剂原料价格低廉,而且合成表面活性剂的使用不受水质的限制,与普通肥皂相比具有显著的优越性,因此得到了迅速发展。一般的表面活性剂给环境带来的影响是很小的,低浓度的表面活性剂对生物也不会带来毒害,但在高浓度时对生物有明显的毒性。表面活性剂影响环境是因为其可以使水产生气泡,阻止水与空气的接触,降低了水的溶氧作用;有机物的生化降解离不开氧气,因此水中的溶氧大量被耗用,于是水体缺氧。

(五)有机氯化合物的危害

人们使用到的有机氯多达几千种,其中对环境污染程度最高、最受人们关注的便是多氯联苯和有机氯农药。多氯联苯是一种无色或呈淡黄色的黏稠液体,这种物质微溶于水,进入水体后或以浑浊状态存在,或吸附于微粒物质上。多氯联苯还具有脂溶性,可以溶解在水面的油膜中。由于其相对密度大于1,因此除溶解在油膜中外,大部分会沉入水底。除此之外,它的化学性质十分稳定,不易氧化也不易被生化分解,因此能够长期在水中保存。通过水体中的食物链富集作用,多氯联苯可在水生生物体内大量积累,可被食用的水产品进入人体后,又在器官和脂肪组织中积累,当积累到一定量后会对人体形成危害。危害人体的主要表现为:阻碍钙的代谢,损害人体骨骼和牙齿,影响皮肤、肝脏和神经,甚至有转为癌变的可能性。

三、水体的病原微生物污染危害

医院污水、生活污水以及屠宰场等排放的污水中含有大量的细菌、病毒、寄生虫等病原微生物,流入水体后会增加各类疾病的传播风险。如霍乱、脊髓灰质炎、伤寒、甲型病毒肝炎等都是由于受到生活性和病原菌污染而引起的疾病,它们通过水传播而暴发流行传染病,持续时间长且危害大。1836—1886年间,泰晤士河受到污染,给伦敦带来4次霍乱流行,其中暴发于1849年的霍乱最为严重,造成14000人死亡。1892年德国汉堡的饮用水受到污染,致使9000人死亡,16000人患病。位于伏尔加河口的阿斯特拉罕市在1970年曾暴发过一次严重的霍乱,其重要原因就是伏尔加河受到污染。我国也出现过水污染致病事件,1998年,上海地区居民食用了受到污染的毛蚶,30多万人因此患上甲型肝炎。

（一）病原性细菌

1mL 清洁水体中的细菌总数不超过 100 个,而被严重污染的水体中的细菌总数超过 100 万个。受污染水体中含有的细菌主要为病原菌和肠道细菌。前者的危害性大于后者。污染水体中主要的病原菌如下:

1.沙门氏菌属

感染沙门氏菌人群的粪便、屠宰场污水中都含有大量的沙门氏菌。水产养殖场一旦受到污染,其养殖的水产品中也会携带沙门氏菌。污染水体中常见的沙门氏菌主要有肠炎沙门氏菌、鼠伤寒沙门氏菌、猪霍乱沙门氏菌、德比沙门氏菌、婴儿沙门氏菌、都柏林沙门氏菌、乙型副伤寒沙门氏菌、伤寒沙门氏菌等。

2.志贺氏菌属

一般情况下,志贺氏菌存在于菌痢患者和短时带菌者的粪便中,生长在污水中的鱼体内也存在,少见于家畜的粪便中。志贺氏菌病可通过食物和直接接触传染,如饮用水源受到污染后,可能会暴发水型痢疾。宋内氏志贺氏菌和弗氏志贺氏菌是引起痢疾的主要志贺氏菌。

3.霍乱弧菌和 Eltor 弧菌

这两种是引起霍乱和副霍乱的主要细菌,霍乱和副霍乱主要通过饮水传播。

4.致病性大肠杆菌

粪便中存在一类致病性大肠杆菌,可引起呕吐、腹泻等症状。还有一些大肠杆菌可产生肠毒素,会引起强烈腹泻,通常被称作产肠毒素大肠杆菌。

5.结核杆菌

疗养院和医院排放的污水中含有大量的结核杆菌,可使人致病。

（二）钩端螺旋体

钩端螺旋体存在于被感染的动物尿液中,它能够通过破损的皮肤或黏膜进入人体,引发出血性钩端螺旋体病。通常来说,此种微生物对外界因素的抵抗力较弱。

(三)病毒

人的肠道内存在多种病毒,人体排出的粪便可以对水体造成污染。污染水体的主要病毒有柯萨奇病毒和人肠细胞病变孤儿病毒等肠道病毒,以及呼肠孤病毒、腺病毒和肝炎病毒等。

(四)其他微生物

还有一些微生物对人体健康不会造成直接影响,但却能改变水的感官性状,使水质恶化变臭,还会影响水的处理。水体尤其是饮用水受到污染会给人类带来巨大的灾难。

四、工业废水的污染

工业门类繁多,导致排出的废水中的污染物也多种多样,不同污染源排放出的污染物见表 2-1。

表 2-1　各种污染源排放的污染物

序号	污染源	污染物
1	生产区及生活娱乐设施	有机物,酸,悬浮物,磷酸盐,表面活性剂等
2	城市及城市扩建	有机物,酸,悬浮物,磷酸盐,表面活性剂,油,重金属等
3	黑色金属矿山	酸,悬浮物,硫化物,铜,铅,锌,汞等
4	黑色冶炼,有色金属矿山及冶炼	酸,悬浮物,有机物,硫化物,氟化物,挥发性酚,石油类,铜,铅,锌,汞砷等
5	火力发电,热电	酸,悬浮物,硫化物,挥发性酚,镉等
6	焦化及煤制气	有机物,石油类,氨氮,苯类,多环芳烃等
7	煤矿	酸,有机物,悬浮物,砷等
8	石油开发及炼制	酸,有机物,悬浮物,硫化物,石油类,苯类等

续表

序号	污染源		污染物
9	化学矿开采	硫铁矿	酸,悬浮物,硫化物,铜,铅,锌,镉,汞等
		磷矿	酸,悬浮物,氟化物,硫化物,砷,铅等
		萤石矿	酸,悬浮物,氟化物
		汞矿	酸,悬浮物,硫化物,砷
		硫磺矿	酸,悬浮物,硫化物,砷
10	无机原料	硫酸	酸,悬浮物,硫化物,氟化物,铜,铅等
		氯碱	酸,有机物,悬浮物,汞
		铬盐	酸,总铬,六价铬
11	化肥,农药		酸,有机物,水温,悬浮物,硫化物,氟化物,挥发性酚,磷酸盐,有机磷等
12	食品工业		有机物,悬浮物,酸,挥发性酚,大肠杆菌数
13	染料,颜料及油漆		酸,有机物,悬浮物,挥发性酚,硫化物,氰化物,砷,铅,镉,锌,汞等
14	制药		有机物,悬浮物,酸,石油类,硝基苯类等
15	橡胶,塑料及化纤		酸,有机物,石油类,水温,硫化物,氰化物,砷,铜,铅,锌,汞,六价铬等
16	有机原料,合成脂肪酸及其他有机化工		酸,有机物,悬浮物,挥发性酚,氰化物,苯类,硝基苯类,有机氯,石油类,锰等
17	机械制造及电镀		酸,有机物,悬浮物,挥发性酚,石油类,氰化物等
18	水泥		酸,悬浮物
19	纺织,印染		酸,有机物,悬浮物,水温,挥发性酚,硫化物,苯胺类,色度,六价铬
20	造纸		酸,有机物,悬浮物,水温,挥发性酚,硫化物,铅,汞,木质素,色度

序号	污染源	污染物
21	玻璃,玻璃纤维及陶瓷制品	酸,有机物,悬浮物,水温,挥发性酚,氰化物,砷,铅,镉
22	电子,仪器,仪表	酸,有机物,水温,苯类,氰化物,六价铬等
23	人造纸,木材加工	酸,有机物,悬浮物,水温,挥发性酚,木质素
24	皮革及皮革加工	酸,有机物,水温,悬浮物,硫化物等
25	肉食加工,发酵,酿造,味精	酸,有机物,悬浮物,水温,氨氮,磷酸盐,大肠杆菌数,含盐量
26	制糖	酸,有机物,悬浮物,水温,硫化物,大肠杆菌数
27	合成洗涤剂	酸,有机物,悬浮物,水温,油,苯类,表面活性剂

可以纳入城市污水的工业废水,其污染危害与城市污水相同。

工业废水也属于城市污水,其污染危害与城市污水相同。

工业废水带来的危害主要有两类:一是破坏水体生态平衡,二是给人类健康带来威胁。废水中的一些有毒有害物质,由于浓度较低,不容易检测出来,随着食物链的富集作用以及人体自身的积累作用,仍然可损害人体健康。工业废水中还含有大量有毒重金属。一些含氯的有机物能够破坏人体生理,甚至致癌、致畸。

五、水体的富营养化

人们知道,氧在水中有一定溶解度。水生生物的生存离不开溶解氧,水中进行的各种氧化-还原反应也离不开氧的参与,氧还能够促进污染物的降解,使水体保持自净能力。排放出的生活污水中含有大量的氮、磷、钾,大量有机物在水中降解释放出营养元素,水体中的藻类因为有了丰富的营养物质得以急剧增长,细菌也大量繁殖。急剧增长的藻类在水面越积越厚,一部分被压在水面以下,由于缺乏阳光的照射而死亡。这部分死亡的藻类为水中菌类提供源源不断的营养,为细菌的大量繁殖创造了条件,大量繁殖的细菌又消耗了水中的氧气,水体缺氧,鱼类逐渐死亡,随着水中氧气越来越少,细菌也逐渐死亡,最终导致水体老化死亡。这种现象就称为水的富营养化。

水体富营养化后,水质变差,有异味、颜色深、细菌多,不能直接利用。在一些营养丰富的水体中,夏季,蓝藻大量繁殖,在水面形成一层蓝绿色带有腥臭味的浮沫,即"水华",大规模的蓝藻滋生,被称为"绿潮"。绿潮会使水质恶化,严重时可使鱼类死亡。更为重要的一点是,蓝藻中的微囊藻等可以产生毒素,除了直接危害鱼类和人畜外,还是肝癌的重要诱因。

海水富营养化会导致海中的浮游生物的不正常繁殖,进而改变海水的颜色。由于大量生活污水、工业废水以及农田废水不经处理就排入海洋,使海洋受到了污染,于是海水呈现富营养化。海水中富集的营养物质,为赤潮藻的生长提供了物质基础。这就是赤潮发生的一个重要原因。

在赤潮发生的海域,短期内赤潮生物迅速繁殖生长,且自生自灭。赤潮生物的尸体在腐烂分解的过程中,需要消耗大量的溶解氧,海水中的氧气因此减少。海水中氧气的匮乏使得大量的鱼虾、贝类死亡。赤潮生物的尸体在腐烂的过程中也会产生一些有害物质和生物毒素,这些毒素在动物体内积累,致使海洋生物死亡。含有生物毒素的海产品被人们食用后会使人中毒。

第二节　水体污染物的种类

固体污染物是水体污染物中的一种,主要有以下几种形态存在:

(1)生物污染物。水中的致病微生物以及其他有害生物体统称为生物污染物,包括病毒、病菌、寄生虫卵等。城市生活废水、垃圾、医院废水以及地面径流中都含有生物污染物。其中对水污染危害持续时间最长的当属病原微生物。

(2)悬浮态污染物、溶解态。悬浮物在水中沉积到一定量后会阻塞河道,对水中生物的生存造成威胁,给渔业生产带来损失。过量的悬浮物还会影响废水处理和设备回收的工作。水体中溶解性固体主要是盐类,含盐量过高的废水,会影响渔业和农业生产。

(3)需氧有机污染物。需氧污染物指的是通过生物化学和化学作用而消耗水中溶解氧的物质。进入水体的有机物,通过一系列生物化学反应被分解为无机物,这一过程需要氧的参与,在氧匮乏的条件下,污染物会腐败,导致水质恶化。

(4)富营养性污染物。可引起水体富营养化的物质叫作富营养性污染物,主要包括氮、磷、钾等。在氮、磷浓度过高的水体中,藻类植物的繁殖速度剧增,形成水华或赤潮;藻类死亡会导致水中溶解氧减少,水质变差,进而威胁鱼类等的生存,这就是水体富营养性污染。感官污染物、有毒污染物、酸碱污染物、热污染物、油类污染物等都属于富营养性污染物。

按照污染水质的物质进行划分,可以划分为以下几类:

(1)耗氧废弃物。耗氧废弃物主要有两类,即有机物和无机物。有机耗氧废弃物可以分解,是天然的有机物,而无机耗氧废弃物主要包括硫化物、亚硫酸盐、亚铁盐和氨等。这类物质在水中发生氧化反应时,需要大量溶解氧的参与,会导致水体变臭恶化,威胁鱼类生存。

(2)植物营养物。植物的生长离不开碳、磷、氮等植物营养物,合成洗衣剂、饲料、化学肥料以及生活污水中都含有大量的氮、磷、碳等化合物。这些物质能够随下水道和土壤进入水域当中,使贫营养水体变为富营养水体,导致水质浑浊发臭。

(3)有毒物质。这类物质多来源于工矿废水,苯、酚、氰化物、有机物、砷、汞、镉、铅及其化合物、其他致癌物质等都属于这一范畴。

(4)有机化学物质。多氯联苯、合成洗衣剂等都属于这类物质,其特性是稳定性高,不易被分解,来源十分广泛。

(5)致病微生物。主要来自各种污水,细菌、病毒、原生动物等都属于这一范畴,繁殖能力极强。

(6)热流出物。热电厂和各种工业过程的具有较高温度的物质叫作热流出物。就一般的燃料热电厂而言,只有1/3的热量能够转换为电能,其余2/3的热量都会被释放到大气或冷却水中,原子能发电厂将全部废热都释放到冷却水中。大量的热量进入水域中会带来严重的热污染,改变局部的生态系统。

(7)油类物质。油类物质具有不溶于水且比水轻的特性,在水面上会形成油膜,隔断空气和水,使水中的溶解氧减少。油类物质主要来源于机械工业、石油工业、煤气、油脂加工等工业废水,船舶运输也会向水域排放一些油类物质。

(8)矿物质和无机化合物。这类物质主要来源于各种化工厂。水中这两类物质的浓度如果过高,会使水质恶化,对水生生物造成威胁,对水下作业的设备也有一定的腐蚀性。

(9)放射性物质。主要是各种可裂变的物质在裂变时释放出的放射线。

第三节　污染源分类、调查与评价

一、污染源分类

污染源指的是排放污染物的源头和场所。水体污染源指的是引起水污染的污染源。污染物自污染源排放口排放出来后,通过污染物传输路径进入自然界,与其他复杂组分相互作用。如污染物由医院排污口进入下水道,然后排入河流湖海等天然水体,那么医院就是污染源,城市下水道是污染物的第一传输路径;下水道通过排污口进入河流湖海,河流湖海就是第二传输路径,同时也是纳污的天然水体;如果医院直接将污水排入天然水体中,那么医院排污口就是入天然水体的排污口,而天然水体就是污染物的直接传输路径。以不同原则为划分依据,则污染源有不同的划分结果。

(一)按污染物的成因分类

按照污染物的成因,可将污染源分为人为污染源和自然污染源两类。人为污染源指的是由人类的生产生活行为形成的污染源。自然污染源指的是由自然因素引起的水污染的来源和场所。现在,有很多自然现象都是不能被人类控制的,因此自然污染源也处于难于控制的局面。从对水体的影响来看,自然污染源对水体的污染能力要小于人为污染源。人为污染源产生的污染数量大、频率高、危害重、种类多。

(二)按污染源排放的污染物属性分类

可将污染源分为化学污染源、物理污染源和生物污染源等。化学污染源所占的比重最大,污染物种类多,涉及面广;物理污染源主要排放的污染物有热能或放射性的物质和悬浮物;生物污染源是医疗卫生部门或生活污水将细菌、病毒、寄生虫卵等排入水体。这3类污染物对人类健康生存构成了极大威胁。

(三)按污染源的空间分布分类

可分为以下3类。

1.点源

点源的空间位置是确定的,排入水体中的废污水,主要来自工业废水和生活废水。点源具有随机性和季节性,遵从工业生产废水和城镇生活污水的排放规律而变化。水体最重要的污染源即为工业废水,工业废水具有面广、量大、污染物多、成分复杂等特点,在水中很难净化和处理。而生活污水与工业废水的组成成分完全不同,生活污水主要是人们日常生活中的各种洗涤水,其中的固体成分不超过1%,且不具毒性。

2.面源

污染物来源于水域的集水区域各处,主要包括农田灌溉、农村中无组织排放的废水以及城市地面和矿山径流冲刷污水与天然污水。面源的发生时间呈间歇性变化,多发生在降雨形成径流之时,遵从降水径流、产流汇流规律。城市地面的污染状况、农作物的分布、农业耕作制度、矿产的分布及开采、流域植被、土壤类型等都影响着面源。农村排出的废水中含有大量的农药、病原体、有机物、化肥、悬浮物等可对水体造成污染的污染物;禽畜养殖业也会排放出大量含有高浓度有机物的废水;过量喷洒农药、化肥导致农田地面径流中含有大量的氮、磷物质和农药。除此之外,大气中的污染物会随着降水汇入水体,形成面源污染。

3.水域内源

江河、湖泊等的底部沉积物接纳着各类污染物,在一定条件下会释放出来,使水体受到污染,这被称为内源。底部沉积物中的污染物种类繁多,作用持久。

(四)按污染源排放污染物在时间上的分布特征分类

污染源可分为瞬时排放污染源、间断排放污染源、连续排放污染源等多种。大部分的瞬时排放污染源都是事故性排放,发生频率较低,但一旦发生就会在短时间内排放出大量的污染物,在人们没有察觉时就会造成巨大损失。有些污染源能够连续排放污染物,排放出的污染物的数量与种类在时间上分布并不均匀,因此又能被进一步分为连续均匀性排放污染源与连续非均匀性排放污染源两种。

(五)按产生污染物的行业性质分类

可以将污染源划分为农业污染源、工业污染源、生活污染源、交通污染源等几类。由于工业部门繁多,因此产生的污染物数量庞大,是我国水污染治理的重点。

(六)按水污染源的是否有移动性分类

可以将污染源划分为移动污染源和固定污染源两类。移动污染源包括船舶等,固定污染源包括生活污水和工业废水等。

二、污染源调查

人群健康、污染源和环境在环境科学领域内是一个系统。造成环境问题的根本原因是污染源不断向环境中排放污染物。污染源排放出的污染物质的种类、数量、途径以及污染源的种类和位置,与可能危害的对象、范围和程度密切相关。调查污染源也就是调查上述情况和其他相关问题。通过对污染源进行调查,可以掌握某一地区或某一工厂的主要污染物和主要污染源,还可以了解当地的能源、资源利用现状。为企业指明管理和改革的方向;协助区域污染综合治理工作的开展;为区域环境规划与管理提供可靠依据。可以说,污染源调查是综合防治污染的基础工作。

污染源调查所涉及的内容广泛,包括农业污染源调查、工业污染源调查、交通污染源调查、生活污染源调查、水污染源调查、噪声污染源调查、大气污染源调查等。

(一)污染源调查的原则

1.明确调查的目的与要求

污染源调查的目的要求不同,也就决定着其方法步骤也存在差异。以一个城市电镀车间的调查工作为例,其调查重点应该是了解污染源的规模、分布、排放量,并就其对环境的影响进行评价。从生产发展和环境保护的层面来考虑,关键问题是调整电镀车间的场地位置、合理解决电镀污水的处理与排放。

2.要把污染源、环境和人体健康作为一个系统来考虑

在调查污染源的过程中,重视污染源的自身特性是一方面,所排放的污染物的物理、化学性质也应得到重视。

3.要重视污染源所处的位置及周围环境

在污染源调查工作开展时,污染源所在位置以及周围环境的背景也应纳入调查范畴。

4.注重污染源调查工作程序

在污染源调查工作开展之前,应首先计划好工作流程,调查、评价、控制管理3个环节紧密联系,缺一不可。

(二)工业污染源调查的内容

1.企业环境状况

企业环境状况主要包括企业所在地的地形地貌、周围环境状况以及所属环境功能区的环境状况。

2.企业基本情况

(1)概况。主要包括以下方面:企业名称、所在地、企业性质、主管机关名称、厂区规模、职工构成、固定资产、产值、产量、生产水平、利润、产品、企业环境保护机构名称。

(2)工艺调查。工艺流程、工艺原理、工艺水平、设备水平、找出生产中的污染源和污染物。

(3)能源、水源、原辅材料情况。能源构成、产地、成分、单耗、总耗、供水量、供水方式、水源类型、水平衡、循环水量、循环利用率、原辅材料种类、产地、成分及含量、消耗定额、总消耗量。

(4)生产布局调查。原料、燃料堆放场、车间、办公室、堆渣场等污染源的位置;标明厂区、居民区、绿化带,绘出企业环境图。

(5)管理调查。管理体制、编制、生产调度、管理水平及经济指标,环境保护管理机构编制、环境管理水平等。

3.污染物排放及治理

(1)污染物治理调查。工艺改革、综合利用、管理措施、治理方法、治理工艺、投资、效果、运行费用、副产品的成本及销路、存在问题、改进措施、今后治理规划或设想。

(2)污染物排放情况调查。污染物种类、数量、成分、性质、排放方式、规律、途径、排放浓度、排放量(日每年)、排放口位置、类型、数量、控制方法、历史情况、事故排放情况。

4. 污染危害调查

人体健康危害调查,动植物危害调查、器物危害造成的经济损失调查,危害生态系统情况调查。

5. 生产发展情况调查

生产发展方向、规模、指标、三同时措施、预期效果及存在问题。

(三)生活污染源调查的内容

生活污染源主要指住宅、学校、医院、商业及其他公共设施。它排放的主要污染物有:污水、粪便、垃圾、污泥、废气等。调查内容如下。

1. 城市居民人口调查

总人数、总户数、人口分布、人口构成、流动人口、密度、居住环境。

2. 城市居民用水和排水调查

用水类型(城市集中供水、自备水源),不同居住环境的人均用水量,办公楼、旅馆、商店、医院及其他单位的用水量,下水道设置情况(有无下水道、下水去向),机关、学校、商店、医院有无化粪池及小型污水处理设施。

3. 民用燃料调查

燃料构成(煤、煤气、液化气),燃料来源、成分、供应方式,燃料消耗情况(年、月、日用量,每人消耗量、各区消耗量)。

4. 城市垃圾及处置方法调查

垃圾种类、成分、数量、垃圾场的分布,输送方式、处置方式、处理站自然环境,处理效果、投资、运行费用、管理人员、管理水平。

（四）农业污染源调查的内容

农业是环境污染的主要受害者，由于它施用农药、化肥，当使用不合理时也产生环境污染，自身也受害。调查内容如下。

1.农药使用情况的调查

农药品种，使用剂量、方式、时间，施用总量、年限，有效成分含量（有机氯、有机磷、汞制剂、砷制剂等），稳定性等。

2.化肥使用情况的调查

使用化肥的品种、数量、方式、时间，每亩平均施用量。

3.农业废弃物调查

农作物秸秆、牲畜粪便、农用机油渣。

4.农业机械使用情况调查

汽车、拖拉机台数，耗油量，行驶范围和路线，其他机械的使用情况等。

除以上阐述的污染源调查外，噪声污染源、交通污染源、电磁辐射污染源等也是重要的污染源调查内容。

三、污染源评价

（一）污染源评价的目的与原则

1.污染源评价的目的

通常以浓度或总量的形式来表示污染源调查得到的各类污染物数据。为了判断不同污染源危害程度的高低，需要确定一个共同目标来比较各类污染源对环境的潜在污染能力，换句话说，就是对污染源和污染物进行标化计算，这就是污染源评价。

对污染源进行评价的主要目的在于，用同一标准或同一尺度换算通过不同途径、不同方法得到的污染物数量，从而实现不同毒性、不同类别的污染物间的相互比较,掌握污染源的潜在危害,确定主要污染源和主要污染物,为制定切实可行的环境保护和规划措施提供依据。

2.污染源评价的原则

(1)污染源评价要建立在调查的基础上。污染源评价是污染源调查与研究的组成部分,是一种对调查结果进行处理的方式,必须建立在调查的基础上才能实现。一般是将污染源各种污染物的绝对量或实测浓度同某一标准相比较,通过一系列计算,定量或定性地估计出不同污染源、不同污染因子、不同污染地区、不同污染因素所具有的潜在污染能力,并对其他方面进行比较,找出该区域内的主要污染因素、污染源、污染因子和污染行业。

(2)将污染源、周围环境以及防治看作是一个完整的系统,对其进行评价。污染源的排放量是评价中应该重视的方面,同时污染物的理化性质、对人体健康的影响以及进入环境的途径也应得到重视。

(3)评价要为控制提供依据。污染源的评价应当为主要污染物和重点污染源的控制提供依据。

(4)制定统一的评价标准。评价标准统一才能确保得到的结果没有差异。以往的污染源评价工作,大多使用工业废水、废气的排放标准。参加评价的污染物的量要采用实测平均值计算。无测试方法的污染物排放量要通过物料衡算法求得。

(5)对评价结果进行分析。污染源评价结果只能反映污染源在不同的排放数量、种类和进入不同环境途中时,可能具有的潜在污染能力,而不反映它对环境影响后的变化和在环境中实际可能造成的影响。

(二)污染源评价的工作程序

1.制定评价程序

掌握国内外不同行业污染源评价与调查的资料,依据这些资料,制定评价的程序。

2.确定评价参数

参照评价对象的工艺流程、技术水平、生产方式、原材料等确定评价的参数。

3. 选择评价标准

评价标准可依据评价项目要求确定。

4. 选用评价公式

评价公式可根据污染源的性质、类型和所在的环境进行综合选择。

5. 计算评价结果

把污染参数和评价标准代入评价公式,计算评价结果。

(三)污染源评价方法

等标污染负荷法就是确定等标污染负荷、等标污染负荷比,最终得出主要污染源和主要污染物。

按评价范围可分为项目(企业、工厂等)性和区域性(包括流域、水域)两类。

1. 同一企业(或工厂等)内的污染源评价方法

首先计算该企业内某污染物的等标污染负荷:

$$P_i = \frac{C_i}{C_{0i}} Q_i$$

式中　　P_i——该企业内第 i 污染物的等标污染负荷;

　　　　C_i——该企业内第 i 种污染物的排放浓度;

　　　　C_{0i}——该企业内第 i 种污染物的评价标准;

　　　　Q_i——该企业内第 i 种污染物的排放流量。

通常将一个企业视为一个污染源,若该企业有 n 种污染物参与评价,则该企业的总等标污染负荷为

$$P = \sum_{i=1}^{n} P_i = \sum_{i=1}^{n} \frac{C_i}{C_{0i}} Q_i$$

式中　　P——该企业的总等标污染负荷。

而后计算该企业内第 i 个污染物的等标污染负荷比(K_i):

$$K_i = \frac{P_i}{P}$$

最后按评价企业内污染物的等标污染负荷(P_i)大小排列,计算累计百分比。累计百分比大于 80% 左右的污染物列为评价企业内的主要污染物。

2. 区域的污染源评价方法

(1)等标污染指数。

$$N_{ij} = \frac{C_{ij}}{C_{0i}}$$

式中　N_{ij}——第 j 个污染源中的第 i 种污染物的等标污染指数;

　　　C_{ij}——第 j 个污染源中第 i 种污染物的排放浓度;

　　　C_{0i}——第 i 种污染物的评价标准。

(2)等标污染负荷。

等标污染负荷的公式为

$$P_{ij} = \frac{C_{ij}}{C_{0i}}Q_{ij}$$

式中　P_{ij}——第 j 个污染源中的第 i 种污染物的等标污染负荷;

　　　Q_{ij}——第 j 个污染源中第 i 种污染物的排放流量。

若第 j 个污染源中有 n 种污染物参与评价,则该污染源的总等标污染负荷为

$$P_j = \sum_{i=1}^{n} P_{ij} = \sum_{i=1}^{n} \frac{C_{ij}}{C_{0j}}Q_{ij}$$

若评价区域内有 m 个污染源含第 i 种污染物,则该种污染物在评价区内的总等标污染负荷为

$$P_j = \sum_{j=1}^{m} P_{ij} = \sum_{j=1}^{m} \frac{C_{ij}}{C_{0j}}Q_{ij}$$

该区域的总等标污染负荷为

$$P_i = \sum_{i=1}^{n} P_i = \sum_{j=1}^{n} P_j$$

(3)等标污染负荷比。

等标污染负荷比的计算公式为:

$$K_{ij} = \frac{P_{ij}}{P_j}$$

评价区内第 i 种污染物的等标污染负荷比 K_i:

$$K_i = \frac{P_i}{P}$$

评价区内第 j 个污染源的等标污染负荷比 K_j:

$$K_j = \frac{P_j}{P}$$

(4)评价结果。

1)主要污染物的确定。按照大小顺序排列评价区域污染物的等标污染负荷（P_i），计算累计百分比。将累计百分比数值大于80%左右的污染物列为评价区的主要污染物。

2)主要污染源的确定。按照大小顺序排列评价区域的等标污染负荷（P_j），计算累计百分比。将累计百分比大于80%的污染源列为评价区的主要污染源。

第四节　水污染控制基本方法

一、污水处理方法的类型与工艺

（一）污水处理方法的类型

1.按照处理原理划分

可分为以下几种类型：

(1)生物处理法。生物处理法利用微生物的代谢作用,使污水中的溶解性和胶体状有机物转化为稳定的无害化物质,实现泥水分离。生物处理法包括厌氧生物处理和好氧生物处理两种,厌氧生物多用于处理高浓度的有机废水、消化污泥、水解酸化可生性较差的有机废水;好氧生物处理法又能进一步划分为生物膜法和活性污泥法,广泛应用于处理城市污水和中低浓度的有机废水。

(2)物理处理法。物理处理法是利用物理作用实现固液分离,除去悬浮状和大颗粒污染物。常用方法有筛滤、过滤、沉淀、离心、上(气)浮、膜过滤、隔油(或除油)、澄清等。

(3)化学处理法。化学处理法利用化学反应,分离、转化、破坏或回收废水中的污染物,并将其转化为无害化物质。常用方法有混凝沉淀、中和、汽提、萃取、氧化还原、高级氧化、离子交换、电渗析、吸附、消毒等。

(4)复合技术处理法。这是一种综合型的污水处理方法,这种方法以污水的性质、污染物的浓度和成分为依据,综合运用物理、化学和生物处理法对污水进行处理。由于城市生活污水和工业废水中污染物的多样性,采用单一的技术或方法是很难实现预期目标的,因此就要综合运用多种技术或方法,对不同成分和性质的污染物有效处理,进而净化污水。现在常用的复合技术主要有:化学法+生物法;生物法+化学法;膜法+生物法等。

2.按照处理程度划分

可分为以下几种类型:

(1)一级处理。运用沉淀法将污水中的悬浮状固体污染物去除的方法称为一级处理。一级处理是一种预处理手段,可以除掉30%左右的BOD。

(2)一级半处理(一级强化)。在一级处理的基础上,在沉砂池至初沉池之间加入生物絮凝剂或化学絮凝剂,这种方可以有效去除50%左右的BOD、70%左右的SS以及大部分的磷。香港昂船洲污水处理厂采用的就是这种污水处理方法。

(3)二级处理。用传统生物技术去除污水中的胶体状和溶解性有机物的处理方法叫作二级处理。90%左右的BOD、COD都能通过这种方法被去除,但磷和氮可能达不到标准要求。

(4)二级强化或三级处理。在二级处理的基础上,将难以降解的氮、磷以及有机物进一步去除的方法叫作二级强化或三级处理。常见的方法有混凝沉淀法、离子交换、活性炭吸附、砂滤、膜分离、电渗析等。

除此之外还有深度处理,与三级处理基本相同,但目的是对污水进行回收再利用。

(二)污水处理工艺

传统二级生物处理工艺流程如图 2-1 所示,适用于以去除有机物为目标的传统污水处理厂。

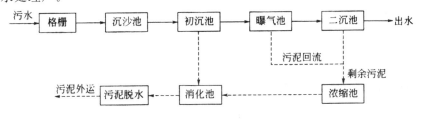

图 2-1　传统二级生物处理工艺流程

近年来,人们对环境质量的要求越来越高,新建的污水处理厂都要求具备脱氮除磷的工艺,流程图如图 2-2 所示。

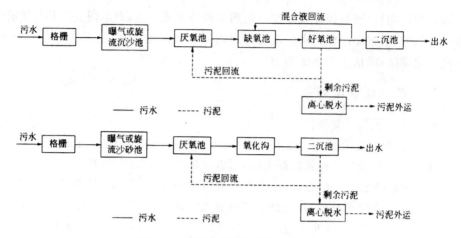

图 2-2　常见生物脱氮除磷工艺流程

适合农村和中小城镇污水处理厂使用的污水处理工艺流程图如图 2-3 所示。

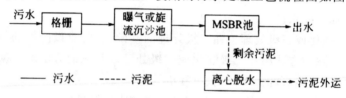

图 2-3　MSBR 工艺流程

在污水处理厂二沉池采用双堰出水或者对二沉池出水进行砂滤,都可以有效降低出水中残余的悬浮物,进而提高出水水质。二沉池采用双堰出水,使堰口出水流速降低,改善了二沉池的沉淀效果,减少了大量的悬浮固体颗粒;同样,二沉池出水砂滤,将很多细小的悬浮固体颗粒过滤出去。通过这两种方法可以有效减少大肠杆菌的数量,提升尾水水质和磷的去除效率。

二、水污染控制的标准体系

(一)水环境质量标准

制定水环境质量标准是为了确保天然水体的质量不因污水的排入而被污染。这一标准是污水排入水体时确定排放标准等级的重要依据,当前我国水环境质量标准主要有《地表水环境质量标准》(GB 3838—2002)、《海水水质标准》(GB 3097—1997)、《地下水质量标准》(GB/T 14848—2017)、《农业灌溉水质标准》(GB

5084—2005)、《景观娱乐用水水质标准》(GBZB1—1999)、《渔业水质标准》(GB 11607—89)。这些标准对各类污染物的允许最高含量进行了详细说明,以保证水环境质量。

根据《地表水环境质量标准》(GB 3838—2002),依据地表水域的使用目的和保护目标,可以划分为以下几类:

Ⅰ类水体:适用于源头水和国家自然保护区。

Ⅱ类水体:适用于地表水源地一级保护区、鱼虾类产卵场、珍稀水生生物栖息地、幼鱼的索饵场等。

Ⅲ类水体:适用于地表水源地二级保护区、游泳区、水产养殖区、鱼虾类越冬场、洄游通道等渔业水域。

Ⅳ类水体:适用于人体非直接接触的娱乐用水区及一般工业用水区。

Ⅴ类水体:适用于农业用水区及一般景观要求的水域。

依据海域的不同使用功能和保护目标,《海水水质标准》(GB 3097—1997)将海水水质分为以下4类:

第一类:适用于海洋渔业水域、海上自然保护区以及珍稀濒危海洋生物保护区。

第二类:适用于水产养殖区、人体直接接触海水的海上运动或娱乐区、海水浴场、与人类食用直接有关的工业用水区。

第三类:适用于海滨风景旅游区、一般工业用水区。

第四类:适用于海洋开发作业区、港口水域。

国家《污水综合排放标准》(GB 8978—1996)规定:排入地表水Ⅲ类水域(划定的保护区和游泳区除外)和排入海洋水体中二类海域的污水,执行一级标准;排入地表水中Ⅳ、Ⅴ类水域和排入海洋水体中三类海域的污水,执行二级标准;排入设置二级污水处理厂的城镇排水系统的污水,执行三级标准;地表水Ⅰ、Ⅱ、Ⅲ类水域中划定的保护区和海洋水体中第一类海域、禁止新建排污口、现有排污口应按水体功能要求实行污染物总量控制,以保证受纳水体水质符合规定用途的水质标准。

(二)污水排放标准

根据控制形式可以将污水排放标准划分成两类,即总量控制标准和浓度控制标准。根据地域管理权限又可分为地方排放标准、行业排放标准和国家排放标准3类。

1.总量控制标准

总量控制标准是依据水体环境容量设定的。水体的水环境质量要求高,环境容量小。可以采用水质模型法计算水环境容量。总量控制标准在保证水体质量的同时,对管理技术提出了很高的要求。总量控制标准已经在我国实施并得到重视,《污水排入城市下水道水质标准》(CJ 343—2010)提出,在有条件的城市,可根据本标准采用总量控制。

2.浓度标准

浓度标准规定了排出口排放污染物的浓度限制,其单位一般为 mg/L。我国现有的国家标准和地方标准基本上都是浓度标准。浓度标准的指标明确,每个污染指标都有自己的标准,方便管理。同时也存在一些缺陷,例如没有将接纳废水水体的大小、状况以及污染源的大小考虑进去,因此不能完全保证水体的环境质量。除此之外,浓度标准无法避免排污企业通过稀释使污水浓度满足排放标准的现象,这在造成环境污染的同时,又造成了水资源的浪费。

3.地方排放标准

不同地区的经济发展水平以及水体污染控制的需要不同,因此各地区在遵照《中华人民共和国环境保护法》《中华人民共和国环境保护法》的前提下,可因地制宜地制定地方污水排放标准。需要注意的是,地方污水排放标准只能增加污染物控制指标数,而不能减少;污染物排放标准只能提高,而不能降低。

4.行业排放标准

以部分行业排放污水的特点以及治理技术发展水平为主要依据,国家对部分行业制定了国家行业排放标准,如《造纸工业水污染物排放标准》(GB 3544—2001)、《船舶污染物排放标准》(GB 3552—83)、《船舶工业污染物排放标准》(GB 4286—84)、《海洋石油开发工业含油污水放标准》(GB 4914—85)、《纺织染料工业水污染物排放标准》(GB 4287—92)、《肉类加工业水污染物排放标准》(GB 113457—92)、《合成氨工业水污染物排放标准》(GB 13458—2001)、《钢铁工业水污染物排放标准》(GB 13456—92)、《磷肥工业水污染物排放标准》(GB 15580—95)、《烧碱、聚氯乙烯工业水污染物排放标准》(GB 15581—95)、《煤炭工业污染物排放标准》(GB 20426—2006)等。

5.国家排放标准

按照污水排放去向的不同,国家排放标准规定了水污染物允许排放的最高浓度,主要适用于管理排污单位水污染物的排放,评价建设项目的环境影响、设计建设项目环境保护设施、竣工验收以及建设项目投产后的排放管理。我国现行的国家排放标准主要有《污水综合排放标准》(GB 8978—1996)、《城镇污水处理厂污染物排放标准》(GB 18918—2002)、《污水排入城市下水道水质标准》(CJ 3082—1999)等一系列排放标准。

三、水污染控制技术

(一)水污染控制原则

我国污水排放总量的2/3来自工业废水,水体中大部分的有毒有害物质也来源于工业废水中。工业废水的大量排放导致水体使用功能下降、水环境状况恶化严重。因此,水污染防治的首要任务就是防治工业水污染。工业水污染的防治要采取综合性的对策,从技术控制、宏观控制、管理控制3方面入手,达到整治效果。

1.技术控制

推行节水减污、清洁生产、实行污染物排放总量控制、加强工业废水的处理等都是技术控制的主要手段。

节水减污既可以减少工业用水量,又可以减少排污量。大力发展节水型工业,对工业用水重复利用,从而有效节约水资源,减少水污染,保护水环境。

清洁生产指的是通过革新生产工艺、改变原料、强化操作管理、循环利用废物等措施,减少生产过程中的污染物,减少污水排放量。为实现防治工业水污染的目标,企业应该大力推行清洁生产,并加强对技术的改造。

我国工业废水的排放一直采取的都是浓度控制的方法。不可否认的是,对工业污染物的排放来说,这种方法起到了积极作用,但有一些企业投机倒把,对污染物进行稀释,使排放污染物浓度符合要求。对污染物实行总量控制是我国环境管理制度的重大转变。总量控制对工业废水的排放量和废水中发热污染物浓度都进行控制,从而使排放到环境中的污染物总量得到了控制。

现代污水处理技术可分为集中处理和分散处理两种。

集中处理又叫做城市污水处理,指的是通过城市下水道将污水收集起来,由污水处理厂统一处理后排放到自然水体中或再利用。在进行大规模污水集中处理之前,要确保城市下水道管网系统的完备。在相同的去除效率条件下,集中处理有利于降低单位投资费用。有数据显示,在城市排水管网和集中污水处理的基建总投资中,城市排水管网占据的比重为 60%～70%。

在城市建设与发展中,建设城市排水管网是为建成区服务的,离城区较远的居民点、疗养院、别墅区、度假区、高速服务区、村镇等的生活污水很难被收集到城市污水处理厂进行处理。这些污水就叫做分散生活污水。分散处理也可以理解为对污水就地处理,达标后排放或再利用的一种污水处理手段。

当前,占据主导地位的污水处理方式是集中式污水处理,分散式处理作为一种必要且有益的补充而存在。两种方式各有利弊,集中处理的优点是管理起来方便,利于保护水环境;缺点是建设周期长,系统庞大,协调较为困难。分散式处理的优点是灵活,不受市政配套工程的影响;缺点是会出现运行管理不到位的现象。

2. 宏观控制

宏观控制就是在产业规划和工业发展中,遵循可持续发展的指导原则,调整和优化工业结构和产业结构,对工业布局进行合理规划,协调好与环境的关系。调整与优化工业结构,应该遵循“物耗少、能源少、占地少、污染少、技术密集程度高及附加值高”的原则,限制用水多、能耗大、污染大的工业项目的发展。

3. 管理控制

进一步完善污水排放标准和相关的水污染控制法规和条例,加大执法力度,严格限制污水的超标排放。对各单位的排污口和受纳水体进行在线监测,逐步建立完善城市和工业排污监测网络和数据库,杜绝“偷排”现象。

(二)水污染控制技术的发展

1893 年,英国诞生了世界上第一个生物滤池,此后,污水处理技术不断得到发展:

1. 早期阶段(1915 年以前)

生物滤池和活性污泥法出现。

2.普及阶段(1915—1960 年)

生物滤池、化粪池、污泥消化、活性污泥法等技术被大量应用。经过革新,生物滤池技术发展出塔式生物滤池、负荷生物滤池、生物接触氧化、生物转盘等新工艺;在这一阶段,处理城市生活污水主要采用的是活性污泥法,这种方法不断被改良,也出现了多种不同的新工艺。此外,离子交换、吸附、酸碱中和、氧化还原等物理化学技术也被广泛使用。

3.发展阶段(1961 年至今)

出现了好氧、厌氧、膜技术、化学除磷脱氮、高级氧化等新技术。就好氧生物处理技术而言,先后出现了 A-B 法、氧化沟、SBR 法、高浓度活性污泥法、深井曝气、好氧生物流化床等新工艺;高效曝气器和新型填料也开始出现,还出现了一些结合活性污泥法和生物膜法的复合生物反应器,又因为膜技术的发展,进一步推动了膜-生物反应器的应用。在生物厌氧处理方面,先后出现了厌氧接触氧化、厌氧生物滤池、厌氧膨胀床、厌氧生物转盘、UASB、厌氧生物流化床等技术,厌氧生物处理由高浓度有机废水逐步扩大到低浓度有机废水的处理;在自然生物处理方面,发展了稳定塘处理生物系统、土地生物处理系统和湿地生物处理系统;在厌氧-缺氧-好氧生物处理方面,发展了厌氧-好氧生物处理系统、缺氧-好氧生物处理系统、有机厌氧-缺氧-好氧生物处理系统,进行生物脱氮除磷;同时,将生物处理与化学除磷相结合,在普通活性污泥法、A/O 工艺的基础上开发出前置、协同和后置化学除磷工艺;在化学和物理化学处理技术方面,开发出吸附、离子交换、湿式空气氧化、催化湿式氧化、光化学氧化、光化学催化氧化等化学氧化技术,使难降解有机物能够得到有效处理;在消毒处理方面,开发了二氧化氯消毒、臭氧消毒、过氧化氢消毒和紫外(UV)辐射消毒等。

与此同时,在微生物学、水动力学和化学动力学等方面取得明显进步。

随着对丝状菌生物特性研究的深入,人们掌握了许多抑制丝状菌膨胀的措施;聚磷菌和反硝化菌被发现,于是生物聚磷-释磷、生物硝化-反硝化、同时硝化-反硝化等得到科学解释,并开发出 A/O 工艺、A^2/O 工艺、厌氧氨氧化工艺;对厌氧微生物的深入研究,开发了水解酸化工艺、厌氧-好氧工艺;并对高效生物菌的筛选、培养和固定化进行了研究和开发。

在水动力和化学动力学方面,人们对悬浮生长与附着生长、间歇式与连续式、交替式厌氧-好氧、推流式与完全混合式、降流式和上流式、机械曝气与鼓风曝气、混凝气浮和混凝沉淀、射流曝气与机械搅拌、浓度梯度与传质、消能和聚能等进行了大量研究,并在此基础上开发出许多搅拌、推流、相分离设备以及各种反应器。

随着计算机技术的迅猛发展以及化学计量学的完善,计算机被越来越广泛地应用到水污染控制工程中,除 SBR 工艺应用推广外,水质模型研究及其在污水处理厂设计中的应用也得到广泛推广,污水处理厂的运行和管理由此变得更加科学和高效。

(三)水污染控制技术的展望

随着材料科学、生物技术以及计算机技术的迅猛发展,科学家将对生物脱氮除磷的生物学及其化学过程、功能微生物及其难降解有机物的生物降解机理、基因片段的修饰和酶分子的改造、生态系统生物共生关系和共代谢等研究不断深入,化学计量学和计算机技术逐步被广泛地引入污染物的生物化学和物理化学作用过程及其新材料、新设备的开发中,使污(废)水生物处理、物化处理过程趋于数学定量表征,并以此进行水污染控制在线过程控制,包括对水下推进设备、曝气设备、药剂投加、污泥泵和水泵等自动控制,从而降低水处理的成本;进行水污染控制工程模拟,指导和管理水污染控制的工艺设计和工程施工。水污染控制工程技术的发展主要包括以下几个方面:

(1)新材料和新设备的充分运用。科技在进步,经济在发展,新材料和新设备将会被广泛应用到水污染控制工程中,如膜材料、新型滤料和填料;节能曝气设备、固液分离设备、高效水动力学搅拌设备等。

(2)生物工程技术被不断开发和应用。一些生物新技术如细胞工程、基因工程、发酵工程、酶工程、蛋白质工程等逐渐融入环境领域,改造和培育高效微生物工程菌,开发新型生物絮凝剂,并使之产业化,以广泛用于水污染控制,尤其是难降解有机物、石油类污染和重金属污染的防治等。此外,厌氧生物处理和好氧生物处理联合使用将被广泛应用于水污染控制的全过程。

(3)水污染控制中将广泛应用新技术和新理论。人们对有机污染物的生物化学反应过程和无机污染物的环境化学作用过程的研究不断深入,更多的生物化学反应和环境化学作用的机理将被揭示,这些都将指导新技术和新工艺的开发。

(4)计算机技术将被广泛应用。

(5)资源化理念逐渐深入,污(废)水资源被回收,用于农田灌溉、景观用水补给、工业生产等领域。

(6)我国城镇、小区以及新农村建设中将广泛应用污水处理工程。

由于环境化学、生物化学、反应动力学等研究工作的不断深入,更加深入和全面地了解污水中各种污染物的特征以及水污染控制过程的作用机理,出现了性能更加优越的设备,因此,未来会有更多水污染控制的新技术和新工艺出现。可以预见的是,今后水污染的防治不论是理论还是技术的发展都将越来越完善,我国的水环境状况会逐渐改善,水生态也将逐渐恢复。

第三章 水污染控制的物理处理技术

水污染控制的物理处理是指借助重力、离心力等物理作用使污水中的某些污染物得以分离的处理过程。生活污水和工业废水都可能含有大量的漂浮物、悬浮物以及泥沙等,其进入水处理构筑物会沉入水底或浮于水面,会淤塞处理构筑物,给污水处理设备的正常运行带来影响。污水物理处理的作用就在于去除这些不利于处理构筑物及其设备运行的漂浮物、悬浮物和泥沙等。本章主要阐释筛滤、沉淀与上浮、气浮、过滤。

第一节 筛滤

一、筛滤概述

在污水处理过程中,筛滤是第一个处理单元。这一过程采用的主要工具是一个有孔眼的过滤装置,通过这个装置可以去除污水中较大的漂浮物和悬浮物。其主要目的在于:第一,减轻后续处理构筑物的处理负荷;第二,避免对水泵或管路造成堵塞;第三,回收有用物质。

通常在污水处理中使用的筛滤装置有两种:一是筛网;二是格栅。筛网的有效孔径一般小于 6mm;而格栅的间隙则为 3~100mm。

筛滤的组成元件有平行的金属棒(条)、金属丝、尼龙格网、金属网或穿孔板。筛滤装置的孔眼一般为圆形或长(正)方形。通常筛网是由楔形金属丝、穿孔板和金属丝织物等构成的,用于处理一些不易沉淀的较小的悬浮物(如纤维、纸浆、藻类等),被筛网去除的物质称为筛余物;格栅是由平行的棒或条构成的,主要负责较大悬浮物(如毛发、碎屑、果皮、塑料制品等)的去除,被格栅去除的物质称为栅渣。

二、格栅

（一）格栅的作用

格栅的安装位置在污水渠道、泵房集水井的进口处或污水处理厂的前部,其作用主要如下:

(1)截留较大的悬浮物或漂浮物,如纤维、毛发、果皮、蔬菜、烟蒂、塑料和泡沫制品等。

(2)减轻后续处理构筑物的处理负荷,并使之正常运行。

（二）格栅的类型

按照不同的标准,格栅可以分为以下类型:

(1)按照清渣耙的位置划分,格栅有两种:前清渣式和后清渣式。前清渣式格栅要在顺水流中使用;后清渣式格栅要在逆水流中使用。

(2)按照栅条的间距划分,格栅有粗格栅(50～100mm)、中格栅(10～50mm)和细格栅(<10mm)3 种。

(3)按照栅面的形状划分,格栅有平面(如图 3-1 所示)、曲面两种。在实际工程中应用较多的是平面格栅。

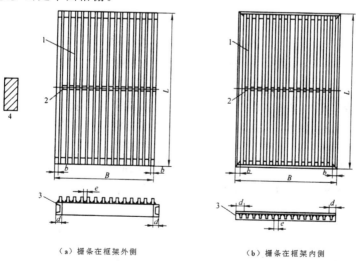

（a）栅条在框架外侧　　　　（b）栅条在框架内侧

图 3-1　平面格栅

1—栅条;2—横向肋条;3—格栅框;4—栅条断面

平面格栅是由栅条和框架组成的一种格栅形式。若栅条布置在框架的外侧[如图3-1(a)所示]，那么可以采用机械清渣，也可以采用人工清渣；若栅条布置在框架的内侧，则需要设置吊架，用于吊起格栅，主要适用于人工清渣。平面格栅的基本参数与尺寸包括宽度B、长度L、栅条间距e、栅条至外边框的距离b，可根据污水渠道、泵房集水井进口管大小选用不同数值。

平面格栅的栅条是用Q235钢制成的，在采用机械清渣时，栅条的直线度偏差不应超过长度的1/1000，且不大于2mm；平面格栅框架的焊接材料为型钢，当平面格栅的长度$L>1000$mm时，框架应增加横向肋条。

曲面格栅又可分为两类：一是固定曲面格栅（栅条用不锈钢制），如图3-2(a)所示，是利用渠道水流速度推动除渣桨板；二是旋转鼓筒式格栅，如图3-2(b)所示，污水从鼓筒内向鼓筒外流动，被隔除的栅渣由冲洗水管冲入渣槽（带网眼）内排出。

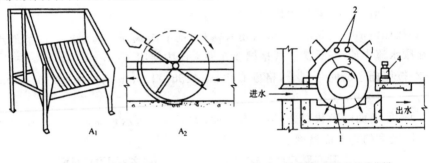

（a）固定曲面格栅 （b）旋转鼓筒式格栅

图3-2 曲面格栅

A_1—格栅；A_2—清渣桨板；1—鼓筒；2—冲洗水管；3—渣槽；4—马达

（4）按照清理栅渣方式划分，格栅分为人工清渣格栅和机械清渣格栅两种。其中，人工清渣多在小型污水厂使用。一般人工清渣格栅的安装角度为30°～45°，这样便于工人完成清渣作业，同时也可以避免清渣过程中的栅渣掉回水中；人工清渣格栅的设置为渐变段，可以有效防止栅前的涌水过高。

机械清渣格栅多用于栅渣量较大的情况，如栅渣量大于0.2m³/d。由于机械清渣作业是连续不断进行的，因而格栅余渣较少。

（三）格栅的运行和管理

1.过栅流速的控制

通过对过栅流速的合理控制，可以有效发挥格栅的拦截作用。污水在栅前渠道的流速一般应控制在 0.4～0.8m/s,过栅流速应控制在 0.6～1.0m/s。但是流速的具体数值还需要根据污水中污染物的组成、含沙量以及格栅间距等因素的实际情况来确定。运行人员应该不断在实践中摸索,结合本厂的污水情况找出本厂的过栅流速控制范围。

栅前流速和过栅流速的计算公式如下所述。

栅前流速:

$$v_1 = \frac{Q}{BH_1}$$

式中　v_1——栅前渠道内水流速度,m/s;

　　　Q——入流污水流量,m³/s;

　　　B——栅前渠道宽度,m;

　　　H_1——栅前渠道的水深,m。

过栅流速:

$$v = \frac{Q}{b(n+1)H_2}$$

式中　v——污水通过格栅时的水流速度,m/s;

　　　b——栅条净间隙,m;

　　　n——格栅栅条的数量;

　　　H_2——格栅的工作水深,m。

从厂内的测量设备记录中可以得到污水流量的具体数值;通过液位计和在渠道内设置竖直标尺可以测得水深。

过栅速度可以通过调整格栅的运行台数加以控制,使格栅能够最大限度地发挥拦截作用,保持最高的拦污效率。

废水进入各个渠道的流量情况会对过栅速度产生影响,如果流量分配不均,则会造成过栅流速过高或过低。一般来讲,流量越大,过栅流速越高;流量越小,过栅流速越低。因而,为了能保证过栅流速的均衡,需要经常检查并调节栅前的流量调节阀门或闸门。

2. 栅渣的清除

在水流通过格栅时,应对格栅上截留的污物及时进行清理,以避免水流横断面积减少。机械格栅的间歇式操作方式有两种运行模式:一是用定时控制操作;二是按格栅前后渠道的液位差的随动装置控制格栅的工作程度。为了更好地完成作业,也可以使用上述两种方式相结合的运行方式。

格栅前后的液位差与污水流过格栅的水头损失基本一致。过栅流速、栅条拦污状况、栅条形状都对过栅水头损失有一定的影响,而过栅水头损失一般控制在 $0.08\sim0.15m$ 之间。

在清污方面,最好的方式为利用过栅水头损失来自动控制清污,也就是利用栅前液位差来完成清理工作。缺点是由于热蒸汽冷凝使液位计探头在冬季运行时会出现偏差,这就导致一些处理厂出现控制失误的情况。此外,还有手动开停和定时开停两种处理方式。手动开停虽然能够保证清污工作及时进行,但当时的工作量较大;定时开停是比较稳定的一种方式,然而在栅渣量非常多的时候清污工作可能不能及时完成。总的来说,无论是采用哪种清污方式,都应该加强值班人员的现场巡检,观察格栅上栅渣的累积情况,做到及时清污。

3.定期检查渠道的沉砂情况

除了流速这一因素外,格栅前后渠道内的积沙还会受渠道底部流水面的坡度和粗糙度等因素的影响,因而对渠道内积沙情况进行定期的检查是非常必要的。

4.机械格栅的维护管理

在污水处理厂的处理设备当中,机械格栅极易出现故障。因此,应定期对其进行加油保养,并且在巡检时应注意有无异常声音,栅条是否变形。

三、筛网

筛网是一种网状介质,其材料为金属丝或化学纤维。与格栅相比,筛网的空隙更小,能对纤维状污染物进行截留处理。一般主要是用于污水的预处理或者是污水的深度处理。

筛网对细小悬浮物(包括有机物在内)的筛滤,可以对后续处理工作产生重要影响。第一,可以减少后续处理设施的工作负荷及维护工作量;第二,可以使后续处理中的污泥更为均质、更容易处理。但是,筛网的过水能力较低,需要并联设置多个筛网,以避免网前壅水。

根据不同的划分依据,筛网有多种类型和规格。

(1)按照产品的具体用途来分,主要有捞毛机、毛发捕集器等。在污水处理中,有一种筛孔尺寸小于 0.1mm 的筛网,即微滤机。它不同于一般膜处理行业中的筛网。首先,孔径尺寸不同,一般膜处理行业中的微滤孔径是 $0.1\sim10\mu m$;其次,滤膜组成结构不同;再次,过滤压力不同,一般膜处理行业中的微滤机的压力比较大;最后,应用领域不同,膜的价格较高,因而一般膜处理行业中的微滤机不会用在城镇污水处理的预处理过程中。

(2)按照网眼的尺寸来分,用于污水处理的筛网有粗筛网、中筛网和微筛网 3 类。粗筛网的尺寸不小于 1mm;中筛网的尺寸在 $1\sim0.05mm$ 以内;微筛网的尺寸不大于 0.05mm。粗筛网和中筛网在城市污水处理中应用最多。

(3)按照运行方式来分,筛网可分为固定式和旋转式(转鼓式、回转式和带式)两种。

固定曲面筛网如图 3-3 所示,网眼的尺寸为 $0.25\sim1.5mm$。在采用这种筛网进行污水处理的过程中,水流方向为自上而下,在穿过筛网曲面后,网渣会沿曲面下滑落入输送管或收集容器中。这种筛网的筛面一般由上而下分为 3 种倾角,逐渐变缓安置。固定筛网用于城市污水时,水力负荷每米筛网宽为 $35\sim150m^3/h$,去除 $5\%\sim25\%$ 的悬浮物,网渣量为 $0.2\sim0.4m^3/(10^3m^3$ 污水),水头损失为 $1.2\sim2.2m$。为消除油脂堵塞,常用热水或蒸汽定期清洗。

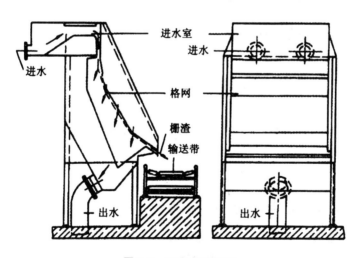

图 3-3　固定曲面筛网

旋转带式筛网如图 3-4 所示。这是一种构造非常简单的筛网形式,旋转方向为自下而上,通常倾斜设置在污水渠上。它的工作方式是通过冲洗或刮渣设备清除网渣。

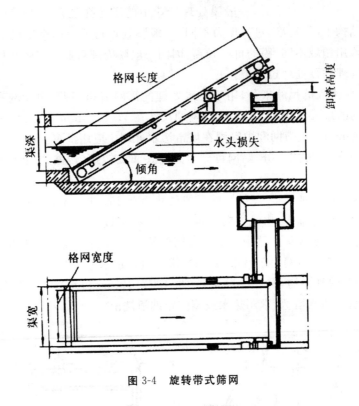

格网长度

卸渣高度

渠深

水头损失

倾角

格网宽度

渠宽

图 3-4　旋转带式筛网

第二节　沉淀与上浮

一、沉淀与上浮处理的思路

由于水流扰动剧烈，或悬浮物颗粒较小(或密度差较小)等因素的影响，水中大部分悬浮物的密度与水存在偏差，因而它们能够在水中悬浮较长的时间。通过控制上述因素，并结合重力和浮力的作用，可以对水中的悬浮物进行下沉或者上浮的处理，使之从水中分离出来，这种处理的方式即为沉淀与上浮处理的思路。

二、沉淀的类型

按照水中悬浮颗粒的浓度、性质及其絮凝性能的不同,沉淀可分为以下几种类型。

（一）自由沉淀

在沉淀过程中,悬浮颗粒的浓度较低($<50mg/L$)时,它们会以离散的状态存在,并且形状、尺寸、密度等因素都不会有所变化,各颗粒的沉淀都是独立完成的。这种类型多出现在沉沙池、初沉池初期。

（二）絮凝沉淀

在沉淀过程中,如果悬浮颗粒的浓度相对较高($50\sim500mg/L$),那么颗粒就会在相互碰撞中产生凝聚或絮凝的现象,从而增加颗粒的质量,使沉降速度也随之加快。絮凝沉淀包括经过混凝处理的水中颗粒的沉淀、初沉池后期、生物膜法二沉池、活性污泥法二沉池初期等。

（三）拥挤沉淀

在沉降过程中,由于悬浮颗粒的浓度很高($>500mg/L$),因而颗粒之间会相互干扰,并且清水会与浑水形成明显的交界面。随着颗粒地不断下移,逐渐形成成层沉淀。活性污泥法二沉池的后期、浓缩池上部等均属于这种沉淀类型。

（四）压缩沉淀

压缩沉淀是在区域沉淀继续的条件下使污泥得到浓缩的一种方法。具体过程为:通过不断加大悬浮固体的浓度,促进颗粒间的相互接触和支撑,进而结合重力作用使上层颗粒挤压下层颗粒,并挤出间隙水。典型的例子是活性污泥在二沉池的污泥斗中及浓缩池中的浓缩过程。

在二次沉淀池、浓缩池的沉淀与浓缩过程当中,活性污泥分别出现了4种沉淀类型,即上述4种类型。但是这4种沉淀类型产生沉淀的时间长短有所差异。沉淀曲线如图3-5所示,即活性污泥在二沉池中的沉淀过程。

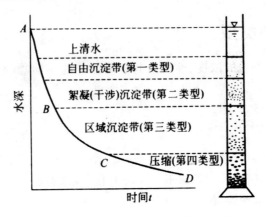

图 3-5 活性污泥在二沉池中的沉淀过程

三、沉速公式与沉降曲线

（一）沉速公式

以单体球形颗粒的自由沉淀为例，可以对影响颗粒沉淀的主要因素有清楚的认识。由于重力、浮力和水的阻力，颗粒会在得到平衡的基础上匀速下沉。对于层流状态（通常把雷诺数 $Re < 2$ 的颗粒沉降状态称为层流状态）直径为 d 的球形颗粒，其沉降速度可用斯托克斯公式表示：

$$u = \frac{g(\rho_s - \rho)d^2}{18\mu}$$

式中 u——颗粒沉降速度，m/s；

       ρ_s，ρ——颗粒、水的密度，g/cm³；

       g——重力加速度，m/s²；

       d——与颗粒等体积的圆球直径，cm；

       μ——水的动力黏滞系数，与水温有关，g/(cm·s)。

由上式可以看出，影响颗粒分离的一个最主要的因素是颗粒与水的密度差。若 $\rho_s - \rho > 0$，表示颗粒下沉，则 u 为下沉速度；若 $\rho_s - \rho = 0$，表示颗粒既不下沉也不上浮，颗粒处于悬浮状态；若 $\rho_s - \rho < 0$，u 为负值，表示颗粒比水轻，从而上浮，此时 u 为上浮速度。

此外，沉速受 d 与 μ 的影响非常大，尤其是 d。沉降速度的提高，可以通过增大 d 或降低 μ 来实现。

（二）沉降曲线

从本质上来讲，污水中的悬浮物是由不同颗粒组成的颗粒群。由于污水的性能不同，悬浮颗粒群的沉淀特性也不相同。因而，为了判断其沉淀性能，就需要进行沉淀实验，并且还要对比沉降时间和沉降速度这两个设计参数来观察沉降效率。按照实验结果所绘制的各参数之间相互关系的曲线，统称为沉降曲线。沉降曲线的绘制方法会依据沉淀的类型有所变化。

为自由沉淀型的沉降曲线如图 3-6 所示。其中，沉降效率 E 与沉降时间 t 之间的关系曲线如图 3-6(a) 所示；为沉降效率 E 与沉降速度 u 之间的关系曲线如图 3-6(b) 所示。

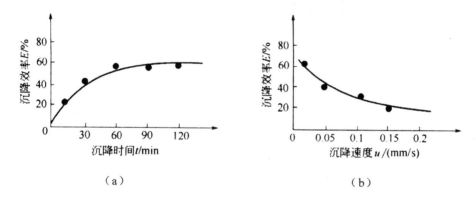

（a）　　　　　　　　　　　（b）

图 3-6　自由沉淀型的沉降曲线

若污水中的悬浮物浓度为 c_0，经 t 时间沉降后，水样中残留浓度为 c，则沉降效率为

$$E = \frac{c_0 - c}{c_0} \times 100\%$$

四、沉沙池与沉淀池

（一）沉沙池

存在于污水中的无机颗粒会对污水处理厂的机械设备、管道造成一定的磨损，并且在污泥处理过程中会磨损滤带。通过沉沙池的设置，可以过滤掉一些密度较大的无机颗粒，以便能够让污水处理厂的设备正常运行。一般而言，沉沙池既可以

设置在泵站、倒虹管前,用于减轻无机颗粒对设施的磨损;也可以设置在初次沉淀池前,用于改善污泥处理条件,减轻沉淀池的负荷。平流沉沙池、曝气沉沙池、旋流沉沙池等是比较常用的沉沙池类型。

1. 平流沉沙池

在平流沉沙池(如图 3-7 所示)中,有一条明渠作为过水部分,过水量由渠两端的闸板来控制;在渠底设有两个贮沙斗,在贮沙斗的下部有排砂管,并且排砂管上带有闸门。设置排沙管是为了排除贮沙斗内的积沙。

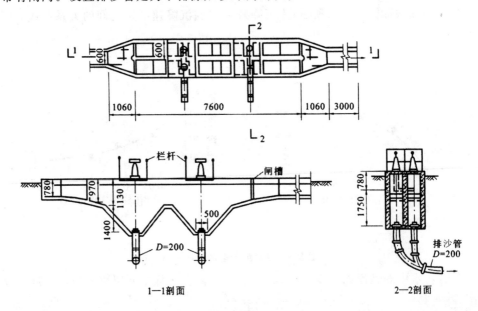

图 3-7　平流沉沙池

沉沙池至少要有两个,这样才能交替使用。池内的有效水深不大于 1.2m,合格沉砂池渠宽不小于 0.60m,池内超高为 0.30m。另外,为了保证沉沙池具备良好的沉淀效果,并使较小密度的有机悬浮物颗粒能够通过,需要对水流的速度进行严格控制,即将水平流速控制在 0.1～0.3m/s 之间,停留时间不少于 30s。设计时应采用最大过流量,用最小流量作校核。

2. 曝气沉沙池

曝气沉沙池是一种长形渠道,在其下部设集砂斗,池底有 $i = 0.1～0.5$ 的坡度,以保证沙粒滑入。在距池底 0.6～0.9m 处安设曝气装置,使池内水流做旋流运动,水中的无机颗粒之间互相摩擦并承受曝气的剪切力,把表面附着的有机物磨去。在旋流的离心力作用下,密度较大的无机物颗粒被甩向外部沉入集沙槽,密度较小的有机物旋至水流的中心部位随水带走。采用曝气沉沙池,可使沉沙中有机物的含量低于 5%。排除集沙槽中的沙可采用机械刮沙、空气提升器或泵吸式排沙机等方法。曝气沉沙池断面如图 3-8 所示。

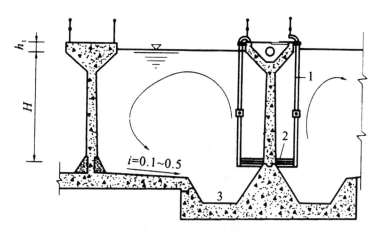

图 3-8　曝气沉沙池断面图
1—压缩空气管　2—空气扩散盘　3—积砂槽

3. 旋流沉沙池

这种沉沙装置控制水流流态和流速的方式是利用机械力的作用,进而加快沙粒的沉淀,随水带走有机物。旋流沉沙池(如图 3-9 所示)有多种类型,某些形式还属于专利产品。沉沙池由流入口、流出口、沉沙区、砂斗、涡轮驱动装置以及排沙系统等组成。在流入口处,污水是以切线方向流入沉沙区;在进水渠道处,设有跌水堰;在沉沙池中间位置,设有可调速的桨板,用来保证池内所有水流的适当转动。另外,还设有挡板,以加强附壁效应。桨板、挡板和进水水流组合在一起,旋转的涡轮叶片使沙粒呈螺旋形流动,促进有机物和沙粒的分离。在环形流态的作用下,离心力不同会产生不同的沉淀效果,即相对密度较大的沙粒被甩向池壁,并沉入沙斗;较轻的有机物,则在沉沙池中间部分与沙子分离,有机物随出水旋流带出池外。

为了实现最佳的沉沙效果,可以适当对转速进行调节。沙斗内沉沙可以采用空气提升、排沙泵排沙等方式排除,再经过沙水分离达到清洁排沙的目的。

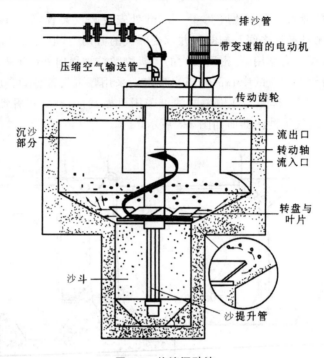

图 3-9　旋流沉砂池

(二)沉淀池

所谓沉淀池,指的是一种用于沉淀有机固体的装置。有机固体的沉淀物通称为泥,它与水的密度差相对较小。

按沉淀池在污水处理过程中的位置与用途划分,可以分为初次沉淀池、二次沉淀池和污泥浓缩 3 种类型。其中,初次沉淀池一般设置在沉砂池后边,主要用于化学处理与生物处理的预处理,对于降低污水的有机负荷有明显作用;二次沉淀池常常用于污泥分离,使混合液澄清、浓缩和回流活性污泥;污泥浓缩池设在污泥处理段,用于剩余污泥的浓缩脱水。

按沉淀池内水流方向划分,也可分为 3 种,即平流式沉淀池、竖流式沉淀池、辐流式沉淀池。

1.平流式沉淀池

平流式沉淀池是沉淀池的一种类型。池体平面为矩形,进口和出口分设在池长的两端。平流式沉淀池由进水区、出水区、沉淀区、缓冲区和污泥区 5 部分组成（如图 3-10 所示）。

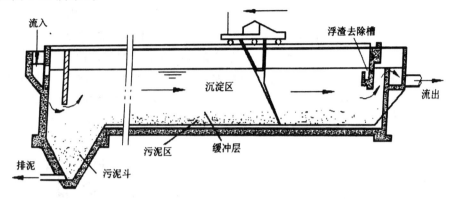

图 3-10 平流式沉淀池

（1）进水区。如图 3-11 所示，在进水区的入口装有入流装置，又称配水槽。通过混凝处理后的水先进入沉淀池的进水区，进水区内设有配水渠和穿孔墙。进口挡板淹没深度一般为 0.5～1.0m，高出池内水面 0.15～0.2m，距进水口 0.5～1.0m；穿孔墙的孔口流速一般为 0.15～0.2m/s，孔洞断面沿水流方向渐次扩大。进水区的作用是使水流均匀分布在整个断面上，尽可能减少扰动。

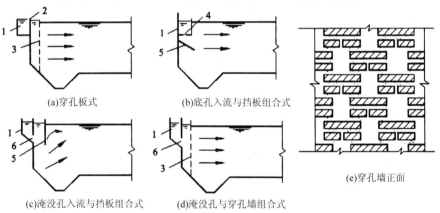

图 3-11 平流式沉淀池的进水区装置

1—进水槽；2—溢流堰；3—有孔整流墙壁；4—底孔；5—挡流板；6—潜孔

（2）出水区。一般出水区设有出流装置，出流装置由挡板和流出槽组成。流出槽是沉淀池的重要组成部分，设自由溢流堰、锯齿形堰或孔口出流等（如图3-12所示），不仅控制池内水面的高度，而且对池内水流的均匀分布有直接影响；出口挡板淹没深度一般为0.3~0.4m，距出水口0.25~0.5m，其作用是阻拦浮渣。

出口多采用溢流堰，以保证沉淀后的澄清水可沿池宽均匀地流入出水渠。溢流堰堰口的最大负荷为：初次沉淀池不宜大于2.9L/(s·m)；二次沉淀池不宜大于1.7L/(s·m)；混凝沉淀池不宜大于5.8L/(s·m)。如果出水负荷较大，可以增加出水堰长，常用的方法是采用多槽出水，如图3-13所示。

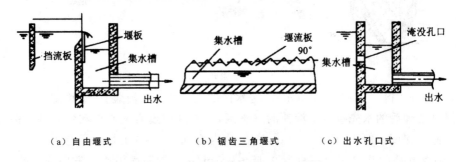

图3-12 平流式沉淀池的出水区装置

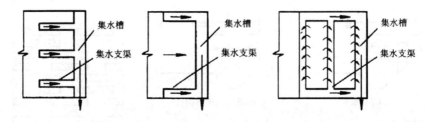

图3-13 增加出水堰长度的措施

（3）沉淀区。沉淀区是沉淀池的核心，位于进水区与出水区之间，作用是完成固体颗粒与水的分离。池的长宽比应不小于4：1，长深比不小于8：1，有效水深一般为2~4m。若采用机械排泥，需要考虑排泥设备的跨度。

（4）缓冲区。缓冲区是分隔沉淀区和污泥区的水层，保证已沉降颗粒不因水流搅动而再行浮起。采用重力排泥时，缓冲层的高度设为0.5m；机械排泥时，缓冲层的上缘高出刮泥板0.3m。

（5）污泥区。污泥区是污泥贮存、浓缩和排出的区域，位于沉淀池的最底部。平流式沉淀池排泥方式有静水压力斗形底排泥（如图3-14所示）和机械排泥等。

其中,静水压力排泥方式是依靠池内静水压力将污泥通过污泥管排出池外,它的排泥装置由排泥管和泥斗组成;机械排泥方式则是利用机械装置,通过排泥泵或虹吸将池底积泥排至池外。

为了使池底污泥能滑入污泥斗,池底有 $i=0.01\sim0.02$ 的坡度;也可采用多斗式平流沉淀池,以减小深度,如图 3-14(b)所示。污泥斗斜壁与水平面的倾角:方斗 60°,圆斗 55°。排泥方法一般有静水压力排泥和机械排泥。

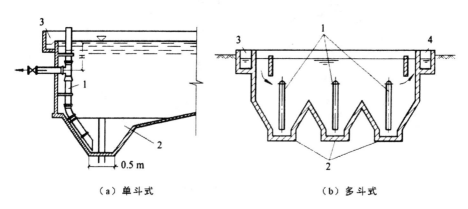

（a）单斗式　　　　　　　　　　（b）多斗式

图 3-14　平流式沉淀池静水压力排泥装置
1—排泥管;2—集泥斗;3—进水槽;4—出水槽

目前平流沉淀池一般都采用机械排泥。机械排泥又可分为刮泥机法和吸泥机法。一般刮泥机法主要适用于初沉池,吸泥机法主要用于二沉池排泥。机械排泥装置有链带式刮泥机、行车式刮泥机、泵吸式排泥和虹吸式排泥装置等。在行车式刮泥机工作时,将沉降在池底的污泥刮至集泥槽,并将池面的浮渣撇向集渣槽。吸泥机将沉降在池底的污泥吸出,并排入排泥沟,它与行车式刮泥机相类似。采用吸泥机可使集泥与排泥同时完成,沉淀池底部不需坡度,也不用设污泥斗。机械排泥装置的行进速度一般为 0.3~1.2m/min。

2.竖流式沉淀池

竖流式沉淀池又称立式沉淀池,是池中废水竖向流动的沉淀池。如图 3-15 所示,池面多呈圆形或正多边形。上部为沉降区,下部为污泥区,中间为缓冲层,厚度约为 0.3~0.5m。废水在经过沉淀池时,首先要经由进水管到达中心管,由管口出流后,借助反射板的阻挡向四周分布,最终沿沉降区断面缓慢竖直上升。

为使池内配水均匀,池径不宜过大,一般为 4~7m,如果池径大于 7m,可增加辐射向出水槽。池底锥体为储泥斗,它与水平的倾角不小于 45°。堰前设挡板及浮渣槽以截留浮渣,保证出水水质。池的一边靠池壁设排泥管(直径大于200mm),靠静水压将泥定期排出。

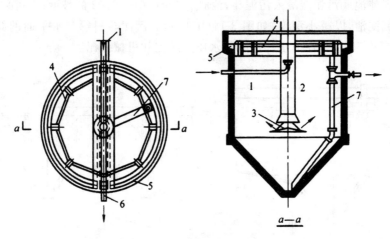

图 3-15 竖流式沉淀池

1—进水管;2—中心管;3—反射板;4—挡板;5—集水槽;6—出水管;7—污泥管

在竖流式沉淀池中,污水是从上向下以流速 v 做竖向流动,而颗粒沉速 u 是向下的,颗粒的实际沉速是 v 与 u 的矢量和。当 $u \geqslant v$ 时,颗粒得以去除;当 $u < v$ 时,颗粒将不能沉淀下来,会被上升水流带走。

竖流式沉淀池中,水流方向与颗粒沉淀方向相反,其截留速度与水流上升速度相等,上升速度等于沉降速度的颗粒将悬浮在混合液中形成一层悬浮层,对上升的颗粒进行拦截和过滤。因而竖流式沉淀池的效率比平流式沉淀池要高。

竖流式沉淀池的直径(或边长)为 4~8m,沉淀区的水流上升速度一般采用0.5~1.0mm/s,沉淀时间为 1~1.5h。为保证水流自下而上垂直流动,要求池子直径与沉淀区深度之比不大于 3∶1。中心管内水流速度应不大于 0.03m/s,而当设置反射板时,可取 0.1m/s。

根据沉淀池的功能不同,污泥斗的容积也存在差异。一般来说,初次沉淀池泥斗储存的污泥量以 2d 为计算周期;而二次沉淀池的停留时间则是以 2h 为宜。

竖流式沉淀池的优点是占地面积小,排泥容易;缺点是深度大,施工困难,造价高。因此,竖流式沉淀池适用于处理水量不大的小型污水处理厂。

3.辐流式沉淀池

如图 3-16 所示,辐流式沉淀池的池体以圆形为多,也有方形的。直径(或边长)为 6～60m,最大可达 100m,池周水深 1.5～3.0m,池底坡度不宜小于 0.05,废水自池中心进水管进入池,沿半径方向向池周缓缓流动。沉淀后的水经溢流堰或淹没孔口汇入集水槽排出。溢流堰前设挡板,可以拦截浮渣。为了刮泥机的排泥要求,辐流式沉淀池的池底坡度平缓。

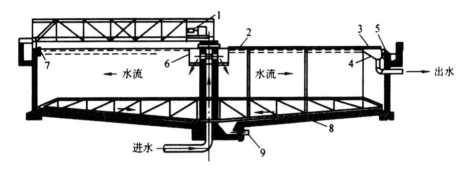

图 3-16　中心进水周边出水辐流式沉淀示意图

1—驱动装置;2—装在一侧桁架上的刮渣板;3—浮渣刮板;4—浮渣槽;5—溢流堰;
6—转动挡板;7—浮渣挡板;8—刮泥板;9—排泥管

辐流式沉淀池半桥式周边传动刮泥活性污泥法处理污水工艺过程中沉淀池的理想配套设备适用于一沉池或二沉池,主要功能是为去除沉淀池中沉淀的污泥以及水面表层的漂浮物。一般适用于大中池径沉淀池。

辐流式沉淀池的优点:运行较好;设备较简单;排泥设备已有定型产品;沉淀性效果好;日处理量大,对水体搅动小,有利于悬浮物的去除。

辐流式沉淀池的缺点:池水水流速度不稳定,受进水影响较大;底部刮泥、排泥设备复杂,对施工单位的要求高,占地面积较其他沉淀池大。

4.沉淀池的选择

各种沉淀池的优缺点和适用条件见表 3-1。

表 3-1　各种沉淀池的优缺点和适用条件

池型	优点	缺点	适用条件
平流式	①沉淀效果好 ②对冲击负荷和温度变化的适应能力较强 ③施工简易 ④平面布置紧凑 ⑤排泥设备已趋定型	①配水不易均匀 ②采用多斗排泥时,每个泥斗需单独设排泥管各自排泥,工作量大 ③采用机械排泥时,设备复杂,对施工质量要求高	大、中、小型污水处理厂
竖流式	①排泥方便,管理简单 ②占地面积较小	①池子深度大,施工困难 ②对冲击负荷和温度变化的适应能力较差 ③池子不宜过大,否则布水不匀	小型污水处理厂
辐流式	①多为机械排泥,运行可靠 ②排泥设备已定型化	机械排泥设备复杂,对施工质量要求高	大、中型污水处理厂

在选择沉淀池的池型时,应考虑以下主要因素:

(1)废水量大小。处理水量大,可考虑采用平流式、辐流式沉淀池;废水量小,可采用竖流式沉淀池。

(2)悬浮物质的沉降性能与泥渣性能。流动性差、相对密度大的污泥,需用机械排泥,应考虑平流式或辐流式沉淀池;而黏性大的污泥不宜采用斜板式沉淀池,以免堵塞。

(3)总体布置与地质条件。用地紧张的地区,宜用竖流式沉淀池。地下水位高、施工困难地区,不宜用竖流式沉淀池,宜用平流式沉淀池。

(4)造价高低与运行管理水平。第一,从造价方面看。平流式沉淀池的造价低,竖流式沉淀池造价较高。

第二,从运行管理方面看。竖流式沉淀池的排泥管理较为简单,而辐流式沉淀池因排泥则要求较高的运行管理水平。

一般来说,日处理污水流量 5000m³ 以下的小型污水处理厂,可以使用竖流式沉淀池；大、中型污水处理厂宜采用辐流沉淀池或平流沉淀池，特别是采用平流沉淀池，有利于降低处理厂的总水头损失，减少能耗，并可节约占地面积。

第三节　气浮

一、气浮原理

（一）水中悬浮物向气泡黏附的条件

浮选过程的步骤包括微小气泡的产生、微小气泡与固体或液体颗粒的黏附以及上浮分离等。向水中提供足够数量的微小气泡，使分离的悬浮物黏附于气泡而上浮达到分离是实现浮选分离必须满足的两个条件。其中，气浮最基本的条件是使分离的悬浮物黏附于气泡而上浮达到分离。

气泡被通入水中后，并不是所有的悬浮物都能和气泡黏附。悬浮物的润湿性（被水润湿的程度）决定着其是否能和气泡黏附。通常，容易被水润湿的物质被称为亲水性物质，而难以被水润湿的物质则称为疏水性物质。各种物质与水的接触角 θ（以对着水的角为准）可以衡量这种物质润湿性的大小。气、液、固三相界面处在平衡状态的时候，界面张力会形成接触角。设有同一种液体，分别接触具有不同表面特征的固体物时，可出现 $\theta > 90°$ 和 $\theta < 90°$ 的两大类型的气、液、固三相界面上的平衡状态，如图 3-17 所示。

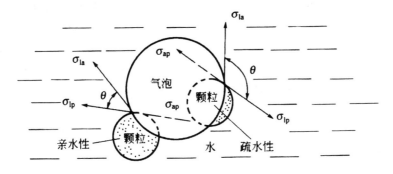

图 3-17　亲水性和疏水性颗粒的接触角

图 3-17 中，σ_{la}、σ_{lp}、σ_{ap} 分别表示液体-气体界面张力、液体-固体界面张力、气体-固体界面张力。接触角越小就代表固体物被水润湿性能强，即亲水性强。反之，就表示亲水性弱。当 $\theta \rightarrow 180°$ 时，这种物质最容易被气浮；当 $\theta > 90°$ 时，颗粒为疏水性，容易黏附到气泡上，可直接通过气浮法去除；当 $\theta < 90°$ 时，颗粒为亲水性，不易黏附到气泡上；当 $\theta \rightarrow 0°$ 时，这种物质不能气浮。若用气浮法分离细小的亲水性颗粒，需要通过投加浮选剂使颗粒表面特性变成疏水性，才可黏附到气泡上。浮选剂作为一种表面活性物质，可以改变水中悬浮颗粒表面的润湿性，通常是由极性基团与非极性基团组成，是对亲水、疏水性物质都亲密的双亲分子。浮选剂的极性基团可以选择性地被亲水物质吸附，非极性基则指向水相。因此，亲水性物质黏附在气泡上，并随之上浮至水面形成浮渣而被除去。

根据浮选剂的作用，可将其分为多种不同类型：

(1)捕收剂。捕收剂可以改善颗粒-水溶液界面、颗粒-空气界面自由能，使可浮性提高。常见的捕收剂品种包括脂肪酸、硬脂酸及其盐类、胺类等。

(2)起泡剂。起泡剂是为了确保产生大量微小、均匀的气泡，并保持泡沫的稳定。通常为表面活性剂，但其用量不可以超过限度，不然太多泡沫集聚在水面上，导致气浮效果显著降低。

(3)调整剂。调整剂可以提高气浮过程的选择性，并加强捕收剂的作用使气浮条件有所改善。其类型包括抑制剂、活化剂和介质调整剂。

(二)界面张力、接触角和体系界面自由能

在水、气、固(杂质颗粒或液滴)三相混合系中，由于受力不均衡而导致不同相之间的界面上都存在界面张力(σ)。气泡与颗粒接触，就会因界面张力产生表面吸附作用。当三相达到平衡时，三相间的吸附界面构成的交界线称为润湿周边。为了便于论述，水、气、固三相分别用 1、2、3 来表示。通过润湿周边(即相界面交界线)作水-固界面张力作用线(σ_{13})和水-气界面张力作用线(σ_{12})，两作用线(σ_{13}、σ_{12})的夹角(包含液相的)即润湿接触角(θ)，如图 3-18 所示。废水中存在很多颗粒，它们具有不同的表面性质，并且润湿接触角也不同。

从物理化学与热力学的角度来看，在水、气泡和颗粒三相构成的混合液中，体系界面自由能(W)存在于每两相之间的界面上。体系界面自由能(W)有降低到最小的趋势，使分散相总表面积减小。

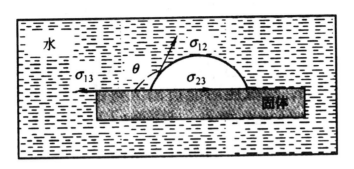

图 3-18　润湿接触角示意图

界面能用 W 表示,则

$$W = \sigma S$$

式中　S——界面面积,m^2;

　　σ——单位面积界面上的界面能,在数值上等于界面张力,N/m。

颗粒和气泡黏附前,颗粒与气泡单位面积($S=1$)的界面能,分别是固-液界面与气-液界面能之和,即 $\sigma_{13} \times 1$ 与 $\sigma_{12} \times 1$,这时单位面积上的界面能之和为

$$W_1 = \sigma_{13} \times 1 + \sigma_{12} \times 1$$

颗粒和气泡黏附后,气-液界面和固-液界面消失,形成了新的固-气界面,这时粘附面上单位面积的界面能为

$$W_2 = \sigma_{23} \times 1$$

因此,界面能的减少值 ΔW 为

$$\Delta W = W_1 - W_2 = \sigma_{13} + \sigma_{23} - \sigma_{23} \tag{3-1}$$

气泡与颗粒的附着过程是向该体系界面能减小的方向自发地进行的,因此 ΔW 值越大,界面的气浮活性越高,气浮处理就越容易进行。

(三)气-粒的亲水黏附和疏水黏附

水中颗粒具有不同的表面性质,因此导致所构成的气-固的黏附情况也是不同的,如图 3-19 所示。具体而言,水中颗粒与气泡的黏附分为亲水黏附和疏水黏附。亲水粘附即亲水性颗粒润湿接触角(θ)小,气-固两相接触的面积小,结合不牢固容易脱落;疏水黏附即疏水性颗粒的润湿接触角(θ)大,气-固结合牢固不易脱落。

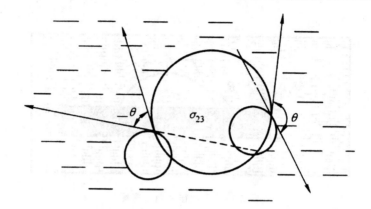

图 3-19　亲水性和疏水性颗粒的接触角及与气泡的作用示意图

平衡状态时三相界面张力之间的关系为

$$\sigma_{13} = \sigma_{12}\cos(180°-\theta) + \sigma_{23} \tag{3-2}$$

代入式(3-1)并整理得

$$\Delta W = \sigma_{12}(1-\cos\theta) \tag{3-3}$$

由式(3-3)可得,当 $\theta \to 0°$,$\cos\theta \to 1$,则 $(1-\cos\theta) \to 0$,这种物质与气泡不易黏附到一起,不能通过气浮法去除。当 $\theta \to 180°$,$\cos\theta \to -1$,则 $(1-\cos\theta) \to 2$,这种物质容易和气泡黏附到一起,适合采用气浮法去除。

当接触角 $\theta < 90°$(如图 3-19 所示)时,通过式(3-2)可得

$$\sigma_{12}\cos\theta = \sigma_{23} - \sigma_{13}$$

即

$$\cos\theta = (\sigma_{23}-\sigma_{13})/\sigma_{12} \tag{3-4}$$

由式(3-4)可知,水的表面张力(σ_{12})的变化会导致水中颗粒的润湿接触角(θ)的变化,水的表面张力(σ_{12})的增大会导致固体接触角增加,这对气-固结合是有利的;而水的表面张力(σ_{12})减小则会阻碍气-固结合。

(四)界面电现象和混凝剂脱稳

在很多情况下,废水中污染粒子的疏水性并不好。例如,从乳化石油的表面性质来看,它是完全疏水的,并且密度比水小。若单从这个角度来看,乳化石油与水应当相互附聚进而兼并成较大的油珠,并借密度差向上浮到水面。但是实际情况并非这样,因为水中含有由两亲分子组成的表面活性物质,这种物质的非极性端吸附在油粒内,而极性端则是伸向水中,处于水中的极性端进一步电离,因而使得一层负电荷包围在油珠界面。属于这种情况的典型例子就是水中和油珠结合的皂类

及酚类物质,其极性端羧基—COOH 与羟基—OH 伸入水中电离(如图3-20所示)。这样会产生双电层现象,使粒子的表面电位提高。增大了的 ξ 电位值既对细小油珠的相互兼并产生阻碍,也对油珠向气泡表面的黏附造成影响,使乳化油水成为稳定体系。

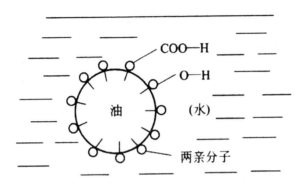

图 3-20　表面活性物质在水中与油珠的黏附

废水中含有粉砂、黏土等亲水性固体粉末,这些粉末的润湿角 θ 值的范围满足 $0<\theta<90°$,则其表面的一小部分被油珠黏附,大部分为水润湿(如图 3-21 所示)。这些固体粉末将油珠包围覆盖,致使油珠的兼并受到阻碍,从而形成稳定的乳化油水体系。上述固体粉末即人们所说的固化乳化剂,它使油珠的 ξ 电位值增大了。

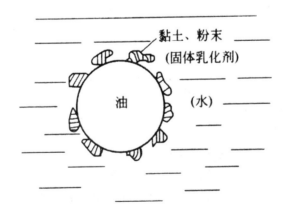

图 3-21　固体粉末在水中与油珠的黏附

水中细分散杂质的 ξ 电位高对废水处理是不利的,因为其促进乳化并对气-固结合体(气浮体)的形成有影响。因此,最好在水中荷电污染粒子气浮前采取脱稳、破乳措施。投加混凝剂是最有效的方法,因为这种方法可以使水中相反电荷胶体增加,以使双电层被压缩,ξ 电位值降低,使其达到中和。如聚氯化铝、二氯化亚铁、硫酸铝、三氯化铁等的投加,既可对双电层进行压缩,又可吸附废水中的固体,使其凝聚。混凝剂的投加量要按照废水的不同性质并根据实验来确定。

(五)气泡分散度和泡沫稳定性

气浮过程需要形成大量微细而均匀的气泡作为载体,与被浮选物质吸附。水中空气的饱和度、溶解量、气泡的分散程度及稳定性,在很大程度上决定着气浮效果的好坏。

1. 微气泡数量及分散度

气泡量越多,分散度越高,则气泡与悬浮颗粒就会有越多机会接触、黏附,气浮效果也就越好。相关实践表明,气泡直径小于 $100\mu m$ 才可以在悬浮物上面很好地附着。若是形成大气泡,在上升过程中将会有剧烈的水力搅动产生,产生的惯性撞击力不仅不能使气泡在颗粒表面很好地附着,反而还会将矾花颗粒撞碎,甚至撞开已附着的小气泡。此外,将一定量的空气鼓入水中,若是形成大气泡,则表面积会明显减少。例如,一个直径 1mm 的气泡与 8000 个直径是 $50\mu m$ 的气泡所含的空气大致相等,而后者的总表面积却大致为前者的 100 倍。因此,数量众多、表面积巨大的微细气泡与水中的悬浮物就会有更多的撞击黏附的机会,进而也会增大气浮效率。

2. 泡沫稳定性

洁净的气泡本身就具有的一种自动降低表面自由能的倾向,即气泡合并作用。该作用会使表面张力大的洁净水中的气泡粒径往往达不到气浮操作要求的极细分散度。此外,若是水中表面活性物质很少,气泡壁表面缺少两亲分子吸附层的包裹会导致泡壁变薄,气泡浮升至水面,水分子迅速蒸发而极易使气泡破灭,因此,水面上不能形成稳定的气浮泡沫层。这样的话,即便是气浮体形成于露出水面之前,并且还可以浮升至水面,但形成的水泡缺乏稳定性致使已浮起的水中污染物又脱落回水中,进而降低气浮效果。为了保证气浮操作中泡沫的稳定性,需要在水中缺少表面活性物质的时候投加起泡剂。起泡剂大多数是由极性-非极性分子组成的表面活性剂。通常用"♀"表示表面活性剂的分子结构,极性端用圆头表示,易溶于水,伸向水中(因为水是强极性分子);伸入气泡的尾端表示非极性基——疏水基。同号电荷的相斥作用可防止气泡的兼并与破灭,因而使泡沫的稳定性增强,大部分表面活性剂均为起泡剂(如图 3-22 所示)。

图 3-22　表面活性物质与气泡黏附的电荷相斥作用

　　如果废水中的有机污染物含量不多,用气浮法进行处理的话,影响气浮效果的主要因素很可能是泡沫的稳定性。这种情况下,水中应当有适量的表面活性物质,并且这些物质有时是必须存在的。但其浓度必须是适宜的,如果超过一定限度,表面活性物质增多会造成水的表面张力减小、水中污染粒子严重乳化、表面 ξ 电位增高,在这种情况下,水中含有与污染粒子相同荷电性的表面活性物质的作用就转向反面,这时气浮效果变坏,因为尽管有强烈的起泡现象且泡沫形成稳定,但气-固的黏附并不好。因此,气浮处理应当重点探索掌握水中表面活性物质的最佳含量。

二、气浮法的类型

　　按气泡产生方法的不同可将气浮法分为以下 3 类:

(一)充气气浮

　　充气气浮是将混合在水中的空气用机械剪切力粉碎成细小的气泡来进行浮选的方法。这种方法形成的是直径大约为 $1000\mu m$ 的气泡。按粉碎气泡方法的不同,充气气浮分为水泵吸水管吸气气浮、射流气浮、扩散板曝气气浮以及叶轮气浮等 4 种。其中叶轮气浮是使用最广泛的。

1. 叶轮气浮

　　叶轮气浮设备构造示意如图 3-23 所示。旋转叶轮设在气浮池底部,叶轮上部装着带有导向叶片的固定盖板,盖板上有孔洞。在电动机带动叶轮旋转的时候,在盖板下形成负压,从空气管吸入空气,盖板上的小孔有污水进入,叶轮的搅动使空气被粉碎成细小的气泡,并与水充分混合形成水气混合体,甩出导向叶片之外,水流阻力在导向叶片的作用下减小,又经过整流板稳流后,在池体内平稳地垂直上升,进行浮选。刮板不断地将形成的泡沫刮出池外。

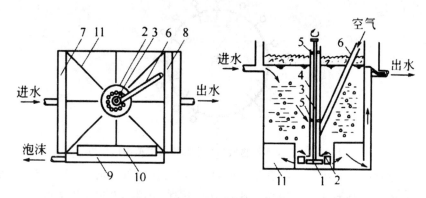

图 3-23　叶轮气浮设备构造示意

1—叶轮;2—盖板;3—转轴;4—轮套;5—轴承;6—进气管;7—进水槽;

8—出水槽;9—泡沫槽;10—刮沫板;11—整流板

　　这种气浮池采用的是边长不超过叶轮直径 6 倍的正方形。一般情况下,叶轮直径为 200～400mm,最大不超过 600～700mm,叶轮转速为 900～1500r/min。池有效水深通常为 1.5～2.0m,最大不超过 3.0m。气浮时间为 15～20min。

　　叶轮气浮法适用于水量不大、污染物浓度较高的污水,并且其使用的设备不易堵塞,除油效果好,大概可以达到 80%。但是这种方法产生的气泡较大,进而气浮效果比较低。

2.射流气浮法

　　射流气浮法采用射流器向水中充入空气,射流器的构造如图 3-24 所示。高压水在气浮过程中经过喷嘴 2 喷射而产生负压,使空气从吸气管 1 吸入并与水混合形成气水混合物。然后气水混合物通过喉管 3,并在这时将水中的气泡撕裂、剪切、粉碎成微气泡,进入扩散管 4 后,气水混合物的动能被转化成势能,对气泡进行进一步压缩,最后在气浮池进行气液分离。射流气浮池多为圆形竖流式,这种样式设备简单,但设备工作特性的限制使其吸气量不大,通常不超过进水量的 10%。

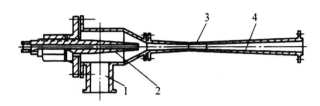

图 3-24 射流器的构造

1—吸气管；2—喷嘴；3—喉管；4—扩散管

(二)溶气气浮

溶气气浮是利用水中过饱和空气,在减压的时候以微细的气泡形式释放出来,从而将水中的杂质颗粒黏附使其上浮。这种方法形成的气泡直径只有 $80\mu m$ 左右,并且可对气泡与污水的接触时间进行人为控制,比充气气浮的净化效果好,应用也更为广泛。

溶气气浮可根据气泡在水中析出时所处压力的不同,分为溶气真空气浮与加压溶气气浮。溶气真空气浮法的实际应用不多,因为其气浮池需要在负压(真空)状态下运行,这就导致这种气浮池的构造非常复杂,并且在其运行和维护方面都有很大困难。而加压溶气气浮法则在国内外均得到了非常广泛的应用。炼油厂基本上都是以这种方法对污水中的乳化油进行处理,并且处理效果良好,出水含油量可在 $10\sim25mg/L$ 以下。因此,下面仅对加压溶气气浮进行论述。

1.加压溶气气浮原理与流程

目前,应用最广泛的一种气浮设备就是加压溶气气浮设备。这种设备对污水处理(尤其是含油污水的处理)、污泥浓缩以及给水处理均适用。该设备是将原水加压至 $(3\sim4)\times10^5$ Pa,同时加入空气并使其在水中溶解,然后骤然减压,一直减到常压,水中溶解的空气以微小气泡形式(气泡直径为 $20\sim100\mu m$)从水中析出,水中的悬浮颗粒因此被载浮于水面,以此实现气浮分离。溶气气浮工艺流程如图 3-25 所示。

加压溶气气浮设备主要包括:空气饱和设备、空气释放及与原水相混合的设备、固-液或液-液分离设备。其 3 种形式包括全部加压溶气气浮、部分加压溶气气浮和回流加压溶气气浮。

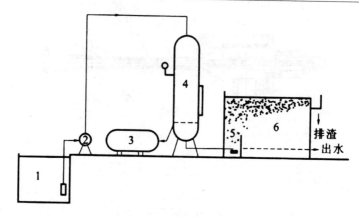

图 3-25 溶气气浮工艺流程图

1—吸水井;2—水泵;3—空压机;4—压力溶气缸;5—溶气释放器;6—气浮池

2.加压溶气气浮系统的组成

(1)空气饱和系统。

空气饱和系统通常由下述部件组成:加压水泵、饱和容器(通常又称为溶气罐)、空气供给设备及液位自动控制设备等。

加压泵是一种提供一定压力水量的装置,按照不同水处理所需的空气量来确定压力、流量的具体数值。从国产离心泵的规格参数来看,其压力常在0.25~0.35MPa 之间,流量在 $10\sim200m^3/h$ 范围内。在选择时,需要考虑溶气水的压力、管道系统的水力损失等因素。

饱和容器采用密封耐压钢罐。饱和容器的类型多样,使用较为广泛的主要是用普通钢板卷焊而成的空压机供气的喷淋式填料罐(如图 3-26 所示),这种类型的压力溶气罐的溶气效率比不加填料的高约 30%,在水温 20~30℃ 范围内,释气量约为理论饱和溶气量的 90%~99%。

不同直径的溶气罐需配置不同尺寸的填料。填料层高度通常取1~1.5m。罐的直径根据过水断面负荷率 $100\sim150m^3/(m^2 \cdot h)$ 确定,罐高 2.5~3m,进气的位置及形式一般无须多加考虑。

空气供给设备主要有射流器和空压机两种。采用水泵-射流器或水泵-空压机联合供气方式。射流器进行溶气的优点是不需另设空压机,没有空压机带来的油污染和噪声。空压机供气是较早使用的一种供气方式,使用较广泛,其优点是能耗相对较低。

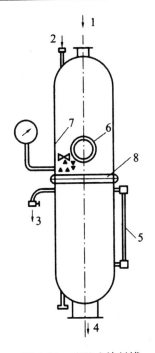

图 3-26　喷淋式填料罐

1—进水管；2—进气管；3—放气管；4—出水管；5—水位计；
6—观察孔；7—填料孔；8—加强筋

（2）溶气水减压释放系统。

溶气释放装置和溶气水管路是溶气水减压释放系统的重要组成部分。其中，溶气释放装置中比较常用的设备有减压阀、溶气释放喷嘴、释放器。其主要作用在于当压力溶气水进入释放器时，释放器内特殊的结构使溶气水在极短的时间内(约0.1s)经历反复的收缩、扩散、撞击和返流、旋流，由于压力的下降，使得原溶解于水中的空气迅速释放。

（3）气浮池。

气浮池是气浮处理系统的核心设备，它为气泡与水中悬浮颗粒的混合、接触、黏附以及分离提供了一定的空间。其作用主要是从减压阀流出的溶气污水在池中将空气以微小气泡形式逸出。气泡在上升过程中吸附乳化油和细小悬浮颗粒，上浮至水面形成浮渣，由刮渣机除去。

气浮池形式多样，可根据原水水质、水量大小、水温、建造条件等因素综合考虑后选定。加压溶气浮选池的种类较多，一般有平流式、竖流式两种，这两种加压溶气气浮池都是敞口式水池(如图 3-27、图 3-28 所示)。

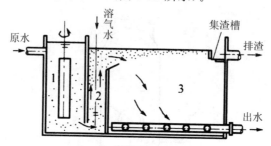

图 3-27　平流式气浮池

1—反应池;2—接触室;3—气浮池

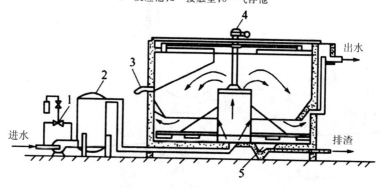

图 3-28　竖流式气浮池

1—射流器;2—溶气罐;3—泡沫排出管;4—变速装置;5—沉渣斗

平流式气浮池能够有效地去除污水中的悬浮物、油脂、胶类物质,是污水前期处理的主要设备。其工作水深一般为 1.5～2.0m,不超过 2.5m,池深与池宽之比大于 0.3。

竖式气浮池的池高度为 4～5m,长、宽或直径一般在 9～10m 以内。中央进水室、刮渣板和刮泥耙都安装在中心转轴上,依靠电机驱动以同样速度旋转。

气浮池的表面负荷通常为 5～10m^3/($m^2 \cdot h$),总停留时间为 30～40min。

3.回流加压气浮流程

如图 3-29 所示,取一部分处理后的水回流,使其经过泵加压到 (3～4)×10^5Pa,继而引入空气,让空气与来自絮凝池的含油废水混合,最终在分离池进行气浮分离。在压力释放器中,加压溶气水压力降至常压,溶于水中的空气以微细的小气泡形式释放出来与悬浮物相黏附,并上浮至水面。在加压条件下,空气的溶解度大,供气浮用的气泡数量多,能保证气浮的效果。溶入水中的气体经急骤减压后,可以释放出大量尺寸微细、粒度均匀、密集稳定的微气泡。微气泡集群上浮过程稳定,对水流的扰动较小,可以确保气浮效果,特别适用于细小颗粒的固液分离过程。

对含有杂质颗粒较粗大、含杂质较多,不利于加压泵运行的污水,采用回流加压的处理方法不仅可以避免设备运行故障,防止管道、泵、阀堵塞,还可以进一步提高出水的水质。

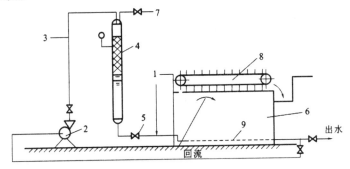

图 3-29 回流加压气浮流程示意图

1—原水进入;2—加压泵;3—空气进入;4—压力溶气罐(含填料层);5—减压阀;

6—浮上分离池;7—放气阀;8—刮渣机;9—集水管及回流清水管

(三)电解气浮

在直流电场作用下,废水被电解,在阳极析出 O_2 和 Cl_2,在阴极析出 H_2。这些微小气泡将废水中的细小颗粒状污染物黏附,并上升带至水面进行固液分离的方法就是电解气浮(如图 3-30 所示)。

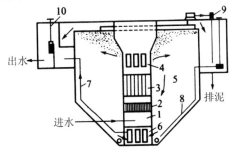

图 3-30 电解气浮法装置

1—入流室;2—整流栅;3—电极组;4—出流孔;5—分离室;6—集水孔;

7—出水孔;8—沉淀排泥管;9—刮渣机;10—水位调节器

由于电解产生的气泡粒径非常小,而且密度也小,因而能够充分利用微小气泡的上浮作用对废水进行处理。利用电解气浮法处理废水时,主要侧重于去除废水中的悬浮物和油状物,并且对这些悬浮物和油状物产生氧化、脱色和杀菌的作用。此外,还具有沉积重金属离子的能力。这种气浮法具有设备简单、管理方便、节省资源、效果良好等特点,因而发展较快。

第四节　过滤

一、过滤机理

滤池是一种过滤时运用的装置。当前快滤池是运用比较广泛的滤池类型,其滤速甚至能够超过 10m/h,以 0.5～1.2mm 石英砂作为滤料构成滤池的基本结构,一般滤料层的厚度为 70cm 左右。对水进行过滤时,水中的杂质会随着自上而下的流动过程而被滤料层截住,之后流出的便是清水;当过滤功效受到过多杂质的影响而失去过滤效果时,可以自下而上用清水对滤料进行反冲洗,之后就可以开始新的过滤。

自上而下通过滤料层的水流,水中颗粒必须经历 3 个阶段的运动过程:①颗粒迁移,颗粒被水流挟带,在流动过程中受到拦截、沉淀、惯性、扩散、水动力等物理-力学作用的影响,逐渐靠近滤料颗粒表面,而脱离水流流线;②颗粒黏附,水中悬浮颗粒由于受到物理-化学作用的影响,被滤料颗粒表面或滤粒表面原来黏附的颗粒所黏附;③颗粒剥落。在黏附发生时,在水流剪切力的作用下,在滤料上黏附的悬浮颗粒又重新进入水中,流至下层滤料时再次被截留,这样就不会产生污泥在局部聚积的现象,充分发挥了整个滤料的截污能力,因而滤料颗粒与悬浮颗粒之间的黏附作用就构成了过滤过程的结果。

(一)阻力截留

当自上而下的污水经过颗粒滤料层时,首先被表层滤料的空隙所截留的是粒径较大的悬浮颗粒,此层滤料间的空隙会随着颗粒的增多而变小,同样其截污能力也变大,被截留的固体颗粒构成的一层起过滤作用的滤膜逐渐形成。这种作用属阻力截留或筛滤作用。越大的悬浮物粒径,越产生细小的表层滤料和滤速,表层筛滤膜的形成就更容易,提高了滤料的截污能力。

(二)重力沉降

众多的滤料表面为通过滤料层的污水提供了比较大的沉降面积。滤料直径及过滤速度会对重力沉降强度产生影响。沉降面积会因为滤料的变小而增大;水流的平稳度会因为滤速的减小而增强,悬浮物的沉降都得益于这些因素。

(三)接触絮凝

由于滤料的表面积比较大,因而有明显的物理吸附作用存在于滤料与悬浮物之间。另外,在水中的砂砾,其表面是带有负电荷的,对带电胶体产生吸附作用,从而使得滤料表面产生一层薄膜,这层薄膜是带正电荷的,进而对多种有机物胶体和带负电荷的黏土产生吸附作用,使得接触絮凝在沙粒上发生。

上述 3 种机理在实际过滤过程中常常共同产生作用,但它们还是会有主次顺序,这是因为条件存在差异。阻力截留是处理粒径较大的悬浮颗粒的主要方式,通常这一过程是在滤料表层发生,也称为表面过滤;而深层过滤是指对细微悬浮物的处理,主要在滤料深层的重力沉降和接触絮凝过程中发生。

二、快滤池的组成与构造

(一)普通快滤池的组成与工作过程

快滤池经过很长时间的发展,已经产生了多种类型,若要进行细致的归纳和分类是很困难的,以它们的某些特点(如滤料层、阀门位置、水流方向、工作压力等)为依据,只能进行相对区分。虽然在形式上各种滤池都有不同,但它们都是相同的基本构成,包括池体、滤料、配水系统与承托层、反冲洗装置等部分。过滤和冲洗这两个阶段交替进行构成了其工作过程。工作过程如图 3-31 所示。

(1)过滤。开始过滤时,将进水支管 2 与清水支管 3 的阀门打开;将冲洗水支管 4 阀门与排水阀 5 关闭。进入滤池前,浑水需要依次经过进水总管 1、支管 2、浑水渠 6,进入的滤池水在受到滤料层 7、承托层 8 的过滤后,配水支管 9 负责将其汇集起来,再经配水干管 10、清水支管 3、清水总管 12 流往清水池。

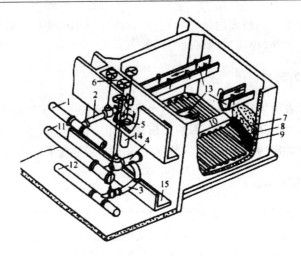

图 3-31 普通快滤池构造剖视图

1—进水总管;2—进水支管;3—清水支管;4—冲洗水支管;5—排水阀;6—浑水渠;

7—滤料层;8—承托层;9—配水支管;10—配水干管;11—冲洗水总管;

12—清水总管;13—冲洗排水槽;14—排水管;15—废水渠

当滤料层中有浑水流过时,滤料层便将水中的杂质截留住。随着大量杂质被截留在滤料层中,滤料颗粒间的孔隙会逐渐变小,这也使得逐渐有较大量的水头损失出现在滤层中。当水头损失达到一定程度时(普通快滤池一般为 2.0~2.5m),导致滤池出水流量下降,甚至出现了增高滤出水浊度、出水水质不符合要求的情况,这时就要停止滤池的过滤,开始反冲洗。

(2)反冲洗。反冲洗时,进水支管 2 与清水支管 3 阀门关闭;将排水阀 5 与冲洗水支管 4 阀门开启。依次经过冲洗水总管 11、支管 4、配水干管 10,冲洗水进入配水支管 9,之后流经支管 9 及其上面的大量孔眼,自下而上地从承托层及滤料层穿过,在滤池平面上均匀地分布。在由下而上的水流中,滤料处于悬浮状态,滤料颗粒表面的杂质在水流剪力及颗粒间的相互碰撞作用下,被剥离下来,从而得到清洗。经冲洗排水槽 13、浑水渠 6、排水管 14、废水渠 15,冲洗废水流进下水道。一直到滤料被基本清洗干净,冲洗方可停止。

结束冲洗后,即可将冲洗水支管 4 阀门与排水阀 5 关闭,将进水支管 2 与清水支管 3 的阀门打开,过滤可以重新开始。

(二)滤料

大理石粒、石英砂、磁铁矿粒、无烟煤以及人造轻质滤料等可作为快滤池的滤料,其中最常用的是石英砂。要求滤料必须具备如下特点:稳定的化学性质;价格低廉,容易获取;机械强度高;具有适当的孔隙率和一定的颗粒级配。

用"粒径"表示滤料颗粒的大小。一般认为,滤料颗粒被一个假想球面包围在内,而这个球面的直径就是粒径。滤料级配要达到一定的程度,包括要求不同尺寸颗粒所占的比例以及滤料粒径有一定大小范围。比较典型的是采用石英砂作为快滤池的单层滤料时,需要其最小和最大粒径分别为 0.5mm 和 1.2mm,并且一定的不均匀系数也是滤料所具备的。

单层滤料池、双层滤料池、三层滤料池是滤池的 3 种典型形式。双层滤料池和三层滤料池在提高滤层的截污能力上发挥作用。单层滤料滤池操作起来较为简单方便,简单的结构减少了占地面积,因而成为常用的滤池种类。在石英砂滤层上加一层无烟煤滤层,就是双层滤料滤池,由无烟煤、石英砂、磁铁矿的颗粒组成的是三层滤料。石英砂单层滤料滤池、双层滤料滤池的滤料组成及滤速见表 3-2。

表 3-2　石英砂单层滤料滤池、双层滤料池的滤料组成及滤速

类别	滤料组成			滤速/(m/h)
	粒径/mm	不均匀系数 K_{so}	厚度/mm	
石英砂单层滤料滤池	$d_{min} = 0.5$ $d_{max} = 1.2$	2.0	700	8～12
双层滤料滤池	无烟煤 $d_{min} = 0.8$ $d_{max} = 1.8$ 石英砂 $d_{min} = 0.5 d_{max}$ $= 1.2$		400～500 400～500	12～16

(三)滤池配水系统

对滤后水进行均匀收集和对反冲洗水进行均匀分配是滤池配水系统的作用,更为重要的是后者。目前,大阻力配水系统是快滤池运用比较广泛的配水方式,由配水干管(渠)和配水支管(穿孔管)组成的配水系统是其主要形式,通过系统的水头损失一般大于 3m。大阻力配水系统的优点是配水均匀性较好、布局简单以及造价较低;缺点是会产生较大的水头损失,因而与其他方式相比,耗能是比较高的。

穿孔管式大阻力配水系统布置如图 3-32 所示。

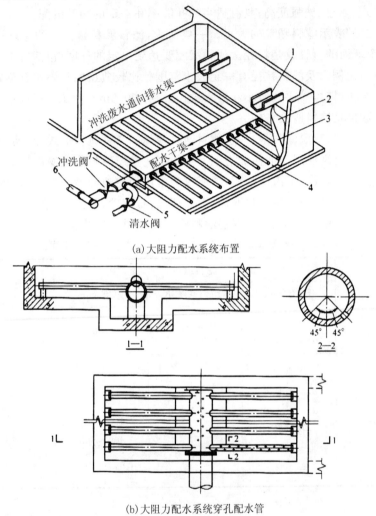

(a) 大阻力配水系统布置

1—1

2—2

(b) 大阻力配水系统穿孔配水管

图 3-32 穿孔管式大阻力配水系统示意图

1—反冲洗排水槽；2—滤料层；3—承托层；4—穿孔配水管；
5—清水管；6—冲洗水总管；7—冲洗水支管

（四）承托层

有时过滤的滤料会通过配水系统的孔眼进入出水中，为了避免出现这种情况，则需要承托层发挥作用,同时保持其在反冲洗时的稳定状态,协助完成均匀配水。常用的承托层为卵石,因而又叫卵石层。与滤料直接接触的是最上一层承托层,卵石粒度的大小的确定需要以滤料底部的粒度为依据;与配水系统接触的是最下一层承托层,确定粒度的大小须以配水孔的大小为依据,大致按孔径的 4 倍考虑。最下一层承托层的顶部至少应超过配水孔眼 100mm。广泛应用于管式大阻力配水系统的承托层规格见表 3-3。

表 3-3　承托层规格

层次(自上而下)	粒径/mm	厚度/mm
1	2～4	100
2	4～8	100
3	8～16	100
4	16～32	100

为保证有一个相对较为稳定的承托层,充分发挥作用,使得配水更具有均匀性,这就要求材料要具有一定的化学稳定性、机械强度以及密度和形状。前三者的要求类似于对滤料的要求,应由不被水溶解的、形状接近球形、坚硬的材料构成承托层。滤层的密度直接影响承托层的密度。承托层料的密度必须至少与滤料的密度一样,这样就避免了出现在反冲洗时承托层中那些与滤料粒度接近的层次发生浮动,或者处于不稳定状态的情况。比较典型的是当构成石英砂滤层或双层滤料承托的是卵石时,必须具备其相对密度大于 2.25。当采用三层滤料或单层重质滤料(如锰砂)时,至少承托层中粒度小于 8mm 的部分要由同样的重质材料构成。同样道理,当采用无烟煤一类相对密度较小的材料为单层滤料或多层滤料的底层时,承托层就不一定要采用卵石那样相对密度大的材料了。

(五)滤池的冲洗

将截留在滤料层中的杂质清除是滤池冲洗的目的,在短时间内使滤池的过滤能力得到恢复。

有 3 种方法可以对快滤池进行冲洗:气-水反冲洗、高速水流反冲洗、表面辅助冲洗加高速冰流反冲洗。对冲洗方式的选择需要以滤料层组成、配水配气系统,或参照相似条件下已有滤池的经验为依据。

1.高速水流反冲洗

最早得到应用的一种冲洗方法是高速水流反冲洗,具有较为简单的滤池结构和设备,便于工作人员进行操作。在工作过程中,高速水流对滤料层进行反向冲洗,发生膨胀的滤层呈现出流态化,使得截留在滤料层中的杂质在滤料颗粒间碰撞摩擦和水流剪切力的双重作用下,脱离滤料表面,然后随冲洗水一起流出滤池。

(1)反冲洗强度。是指以 $L/(m^2 \cdot s)$ 计的单位面积滤层上冲洗流量的大小。另外,反冲洗流速也可以完成计算,以 cm/s 计。$1cm/s = 10L/(m^2 \cdot s)$。

要得到充分的滤层膨胀度,需要避免反冲洗强度过小的情况,因为这样会使截留在滤层中的杂质无法受到足够的滤层孔隙中的水流剪力而被剥落,冲洗滤层不到位;但反冲洗强度也不能过大,否则会使滤层膨胀度也过大,造成滤料颗粒离散度的增加,进而降低水流在滤层孔隙中的剪力、减小滤料颗粒间相互碰撞摩擦的概率等问题,冲洗滤层难以凸显效果,甚至出现滤料流失这样严重的状况。因而过大或过小的反冲洗强度都会造成冲洗效果降低的后果。

随着温度的变化,水的黏度发生了改变,同时也改变了所需的反冲洗强度。一般情况下,反冲洗强度随着水温增减 $1℃$,相应地增减 1%。

(2)滤层膨胀度。在进行反冲洗时,滤层膨胀后增加的厚度与滤层膨胀前厚度之间的比例关系就是滤层膨胀度,用 e 表示:

$$e = \frac{L - L_0}{L_0} \times 100\%$$

式中　L_0——滤层膨胀前厚度,cm;

L——滤层膨胀后厚度,cm。

滤料的颗粒大小、密度以及反冲洗强度和水温均对滤料膨胀度有决定性影响。在上层滤料恰好完全膨胀起来并且有较多截留杂质,而下层最大颗粒滤料的膨胀刚刚开始时就是理想的膨胀率出现的时候,冲洗效果在这时才能更好地体现出来。

(3)冲洗时间。不充足的反冲洗时间会导致滤料颗粒表面得不到良好的冲洗;同时,因为滤池中的反冲洗废水流出不及时,导致污物重返滤层,这使得滤层表面被"泥膜"覆盖或进入滤层形成"泥球"。

2.气-水反冲洗

在滤池中压入压缩空气,使附着于滤料表面的杂质在上升空气气泡产生的擦洗和振动作用下得到清除并在水中悬浮,然后使杂质在反冲洗的过程中从池中排出。鼓风机或空气压缩机和储气罐组成的供气系统为气-水反冲洗过程提供空气,由冲洗水泵或冲洗水箱供应冲洗水,广泛选取长柄滤头构成配水、配气系统。

采用气-水反冲洗有以下优点:第一,对冲洗强度有所降低,滤层在冲洗时微膨胀或不膨胀,杜绝或减轻滤料的水力筛分,提高滤层含污能力;第二,滤料表面污物在空气气泡的擦洗作用下脱落、破碎,冲洗效果好,节省冲洗水量。

除去池子结构及冲洗操作较为复杂以及必须具备气冲设备等问题外,总的来说,气-水反冲洗的优势很明显,近年来应用也日益增多。

3.表面冲洗

将穿孔管放置在滤料砂面以上 50～70mm 处,进行表面冲洗。在还没有开始反冲洗时,先将表层 10cm 厚滤料中的污泥用穿孔管孔眼或喷嘴喷出的高速水流冲洗干净,之后可以开始水反冲洗。

表面冲洗的分类依据是如何安置穿孔管,有旋转式(较少的穿孔管布置在砂面上方,冲洗臂绕固定轴旋转,使冲洗水均匀地布洒在整个滤池)和固定式(较多的穿孔管均匀地固定布置在砂面上方)两种。其表面冲洗强度分别是 $0.50～0.75L/(m^2 \cdot s)$ 和 $2～3L/(m^2 \cdot s)$,均需 $4～6min$ 的冲洗时间。

三、常见其他类型的快滤池

(一)虹吸滤池

虹吸滤池又称为"一组(座)滤池",通常由 6～8 格单元滤池组成,是一个整体滤池组。这些单元滤池可以设在圆形澄清池的外圈,或有圆形、矩形的排列方式。一组滤池的剖面图如图 3-33 所示。剖面图中的两个单元滤池中,左边的单元表示冲洗进行中,右边的单元表示过滤进行中。位于中间的是清水渠 12,通过清水渠连通每个单元滤池的底部配水空间,清水出水堰设置在清水渠的一端,用以实现对清水渠内水位的控制。排水虹吸管 13 和进水虹吸管 2 是每格单元滤池都应设置的。

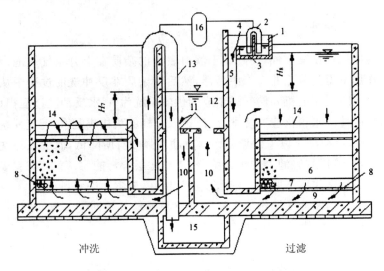

图 3-33　虹吸滤池的构造及工作过程图

1—进水总渠;2—进水虹吸管;3—进水槽;4—溢流堰;5—布水管;6—滤料层;
7—承托层;8—配水系统;9—底部配水空间;10—清水室;11—连通孔;
12—清水渠;13—排水虹吸管;14—排水槽;15—排水渠;16—真空系统

过滤过程:进水虹吸管 2 在真空系统 16 的作用下被抽真空使之形成虹吸,待滤水由进水总渠 1 经进水虹吸管 2 流入单元滤池进水槽 3,再经溢流堰 4 溢流入布水管 5 后进入滤池。进入滤池的水自上而下通过滤层 6、承托层 7、小阻力配水系统 8、底部配水空间 9,进入清水室 10,最后通过连通孔 11 进入清水渠 12,经清水出水堰溢流入清水池。

滤料层中截留的杂质伴随过滤过程的进行,逐渐增多,不断增大了过滤水头损失,滤池内水位在各过滤单元进、出水量不变的情况下,连续出现上升。在某个单元滤池中的水位达到设计的最高水位时,需要停止该单元滤池的过滤,反冲洗开始。

反冲洗过程:先破坏失效单元滤池进水虹吸管的真空,使该格单元滤池停止进水,逐渐使滤池内的水位下降,逐渐降低滤速。当水位下降速度变得缓慢,利用真空系统 16 对排水虹吸管 13 抽真空使之形成虹吸。余下的在滤池内待滤的水被排水虹吸管 13 迅速排入滤池底部排水渠 15,水位迅速在滤池内下降。当池内水位低于清水渠 12 中的水位时,反冲洗正式开始,滤池内水位继续下降。当滤池内水面降至冲洗排水槽 14 顶端时,反冲洗水头达到最大值。其他格单元滤池的滤后水作为该格单元滤池反冲洗所需的清水,源源不断地从清水渠 12 经连通孔 11、清水室 10 进入该格单元滤池的底部配水空间 9,经小阻力配水系统 8、承托层 7,自下而上通过滤料层 6,对滤料层进行反冲洗。冲洗废水经排水槽 14 收集后由排水虹吸管 13 排入滤池底部排水渠 15 排走。

冲洗干净滤料之后,对排水虹吸管 13 的真空进行破坏,停止冲洗,然后再用真空系统 16 使进水虹吸管 2 恢复工作,过滤重新开始。

(二)无阀滤池

无阀滤池的工作原理如图 3-34 所示,一般采用圆形或方形构成其平面形状。

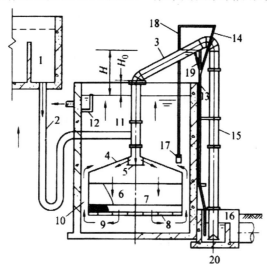

图 3-34　无阀滤池的工作原理

1—进水分配槽;2—进水管;3—虹吸上升管;4—伞形顶盖;5—配水挡板;6—滤料层;
7—承托层;8—小阻力配水系统;9—底部配水系统集水空间;10—连通渠;11—冲洗水箱;
12—出水渠;13—虹吸辅助管;14—抽气管;15—虹吸下降管;16—水封井;
17—虹吸破坏斗;18—虹吸破坏管;19—强制冲洗管;20—冲洗强度调节器

过滤过程:经进水分配槽 1、进水管 2 及配水挡板 5 的消能和分散作用后,原水在滤层上部比较均匀地分布,水流通过滤料层 6、承托层 7 与小阻力配水系统 8 进入底部配水区集水空间 9,然后经连通渠 10 上升到冲洗水箱 11。继续过滤会发现,水在冲洗水箱中逐渐增多,在水增多至出水渠 12 的溢流堰顶后进入渠内,最后流入清水池。

冲洗无阀滤池所需要的水,全部暂时储存在其上部的冲洗水箱中。在设计冲洗水箱的容积时,是以一个滤池的一次冲洗水量为依据的。无阀滤池对于小阻力配水系统的运用是比较广泛的。

刚刚投入运转的滤池,其滤层的清洁度比较高,过滤初期水头损失为虹吸上升管与冲洗水箱的水位差。伴随过滤的展开,不断产生水头损失,水位缓慢地在虹吸上升管3内上升,加大了滤层上的过滤水头,用以克服滤层中增加的阻力,不改变滤速,也因此使过滤水量不发生变化。当虹吸上升管内的水位还没有上升到虹吸辅助管13时(即过滤阶段),上升管中的空气受到水的排挤而被压缩,从虹吸下降管15的下端穿过水封进入大气。当虹吸上升管中的水位超过虹吸辅助管13的上端管口时,虹吸辅助管中有水流下,依靠下降水流在管中形成的真空和水流的挟气作用,抽气管14不断把虹吸管中的空气带走,使它产生负压。虹吸上升管中的水位继续上升,同时虹吸下降管15中的水位也在上升,当上升管中的水越过虹吸管顶端而下落时,管中真空度增加剧烈,达到一定程度时,两股水柱在虹吸管3、15汇合后,水流便从管口冲出流入水封井16,将残留在管中的空气全部带走,连续虹吸水流就形成了,冲洗就开始了。形成虹吸后,沿着与过滤相反的方向,冲洗水箱的水通过连通渠10,通过底部配水系统集水空间9的分配,均匀地从下而上地经过滤池,自动进行冲洗,冲洗后的水进入虹吸上升管3,经虹吸下降管15流到排水井。

冲洗水箱的水位在冲洗过程中慢慢下降,当降到虹吸破坏斗17缘口以下时,虹吸破坏管18把斗中水吸光,水面便会出现管口,通过破坏管,大量的空气进入虹吸管,虹吸被破坏,冲洗立即停止,要使过滤重新开始,需要让虹吸上升管中的水位回降。

无阀滤池的优点:在过滤时,负水头不会出现在滤层内;自动运行,操作起来十分便捷,工作状态比较稳定;结构简单,节省材料,相比较普通快滤池,其造价要低30%～50%。

但由于滤池的上部安置了冲洗水箱,滤池有较大的总高度,在进行滤池冲洗时,进水管中的进水不受阻碍,并被排出,这样就有一部分澄清水被浪费,增加了虹吸管的管径。

第四章　水污染控制的化学处理技术

在水污染治理领域,污水的化学处理通常与物理处理和生物处理相结合,形成处理系统,一般应用在工业污水处理中。污水的化学处理是指采用化学药剂或化学材料,利用化学反应的作用,去除水中无机或有机的(不易被微生物降解)溶解性物质或胶体物质。本章主要对中和与混凝、化学沉淀、氧化还原、电解进行研究。

第一节　中和与混凝

一、中和

目前,在工业生产中往往会产生酸性废水和碱性废水。其中,酸性废水中常见的酸性物质分为有机酸(醋酸、甲酸、柠檬酸等)和无机酸(硝酸、硫酸、氢氟酸、磷酸氢氰酸等)两种;碱性废水中最为常见的物质有苛性钠、碳酸钠、硫化钠及胺类等。如果任由工业废水随意排放,那么就会导致环境的污染和资源的浪费。因而,在处理工业废水时,需要对酸性废水和碱性废水采取回收和再利用的策略,并实现废水排放的无害化。

针对工业废水的酸碱度可以采取不同的处理方法。例如,当酸性或碱性废水的浓度较高(3％～5％以上)时,需要对其回收和综合利用的可能进行考虑;当酸性或碱性废水的浓度较低(3％～5％以下)时,考虑到其回收和综合利用的经济意义,则可以选择中和处理的方式,使废水的pH值恢复到中性附近的一定范围。

（一）中和基本原理

中和处理主要是利用酸与碱的中和反应,生成盐和水。在中和过程中,酸碱双方的化学反应当量恰好相等时称为中和反应的等当点。另外,由于在强酸强碱互相中和时生成的强酸强碱盐不发生水解,因此等当点即中性点。一般溶液的 pH 为 7.0,但是当酸碱中和出现一方为弱酸、弱碱时,尽管达到等当点,其溶液也并非呈中性。这是由于中和过程中生成的盐发生水解造成的,因而还要观察所生成盐的水解度,以判断 pH 的大小。

中和处理主要是通过中和剂来实现的。在酸性废水中加入石灰、石灰石、白云石、苏打、苛性钠等物质进行中和处理;在碱性废水中加入盐酸、硫酸等物质进行中和处理。

中和处理时首先应考虑将酸性废水与碱性废水互相中和,其次再考虑向酸性或碱性废水中投加药剂中和以及过滤中和等。

（二）酸碱废水的中和处理

1.酸碱废水互相中和

酸性废水和碱性废水之间的相互中和是处理工业废水的一种既简单又经济的有效方法。这种处理方法需要在酸性废水和碱性废水中和的过程中计算两种废水的中和能力,保证两种废水在中和处理过程中酸或碱的当量数相等。此外,在中和过程中还要对碱性废水的投加量进行控制,使处理后的废水呈中性或弱碱。根据化学反应当量原理,可按下式进行计算:

$$\sum Q_b B_b \geqslant \sum Q_a B_a \alpha k$$

式中　Q_b ——碱性废水流量,m^3/h;

　　　B_b ——碱性废水浓度,mg/L;

　　　Q_a ——酸性废水流量,m^3/h;

　　　B_a ——酸性废水浓度,mg/L;

　　　α ——药剂比耗量,即中和 1kg 酸所需的碱量(见表 4-1);

　　　k ——反应不完全系数,一般取 1.5～2。

表 4-1　碱性中和剂的比耗量

酸	中和 1kg 酸所需的碱量/kg				
	CaO	Ca(OH)$_2$	CaCO$_3$	MgCO$_3$	CaCO$_3$
H$_2$SO$_4$	0.571	0.755	1.020	0.860	0.940
HNO$_3$	0.455	0.590	0.795	0.688	0.732
HCl	0.770	1.010	1.370	1.150	1.290
CH$_3$COOH	0.466	0.616	0.830	0.695	—

2.药剂中和

药剂中和是酸性废水处理最常见的方法,它是通过将石灰石、电石渣、石灰(或碳酸钠和苛性钠)作为中和剂,实现中和处理。其中,中和剂的投加量可按化学反应式进行估算。

但是,在中和剂中会存在一些不参与反应的惰性杂质(沙土、黏土等),这就使得中和过程中的实际耗量增加,并需要不断根据药剂分析资料调整和确定药剂的纯度。在没有分析资料的情况下,可以参考以下数据:生石灰含有效 CaO 60%~80%,熟石灰含 Ca(OH)$_2$ 65%~75%;电石渣及废石灰含有效 CaO 60%~70%;石灰石含 CaCO$_2$ 90%~95%;白云石含 CaCO$_3$ 45%~50%。

石灰的投加方式主要有以下两种:

(1)干投。指的是将石灰按照剂量直接投入水中。用这种方式进行投加时,可以借助具有电磁振荡装置的石灰投配器。将石灰投入废水渠中,使其在混合槽折流中混合 0.5~1min,之后在沉淀池中实现沉渣分离。这种干投方式所需设备较为简单,但是由于反应速度较慢,即使投药量增加到理论值的 1.4~1.5 倍,也可能反应不彻底,这不仅增加了劳动强度,而且效果不显著。

(2)湿投。这是目前最为常用的方式。具体方法是先将石灰进行消解,配制成石灰乳液,再投加到水中。石灰乳液的浓度控制在 10%左右,使用泵运输到投配器,再投入混合反应设备当中。在实际过程中,送到投配器的石灰乳液要大于理论上的投加量,并通过投配器控制投加量,保持投配器液面不变。这样可以保证短时间内停止投加石灰乳液时,石灰乳可在系统内循环,避免发生堵塞。另外,由于石灰乳与空气中的 CO$_2$ 会发生反应,并生成 CaCO$_3$ 沉淀,因此石灰消解槽不宜采用压缩空气搅拌,而使用机械搅拌,以减少药剂的浪费。这种投加方式所需要的设备较多,但是反应迅速彻底,需要的投药量仅为理论值的 1.05～1.10 倍。

对于酸性废水而言,任何浓度、任何性质的废水都可以通过药剂中和的方法进行中和反应。中和剂对水质、水量的波动适应性极强,因而利用率较高,容易对中和过程进行调节。但是,在实施过程中也存在一些弊端,如劳动条件的限制、药剂配制和投加设备多、基建投资大和泥渣多且脱水困难等问题。

如果用药剂中和法处理碱性废水,常选用硫酸作中和剂,其优点是反应速度快,中和完全。如果用工业废酸中和,则消耗成本更低。

3.过滤中和

废水通过具有中和能力的碱性固体颗粒物滤料时发生的中和反应,称为过滤中和。在处理酸性废水时,中和滤料主要有石灰石、大理石、白云石等。这种反应是在滤池中完成的。一般水流的方式为竖流式(升流或降流)。

与药剂中和法相比,过滤中和这种方法不仅操作更为简单和方便,而且运行费用也相对较低。但是,在将石灰石作为滤料对较高浓度的酸性废水进行中和处理时所生成的硫酸钙不容易在水中溶解,这就造成滤料与酸的接触受到阻碍,降低中和效果。因而,在使用石灰石作为滤料时,要保证废水的硫酸浓度不超过 1～2g/L;而在使用白云石作为滤料时,硫酸浓度的限制可以适当降低。如果废水的硫酸浓度过高,可以通过回流出水的方式将其稀释。

过滤中和所使用的中和滤池有普通中和滤池、升流式膨胀中和滤池和滚筒式中和滤池。

(1)普通中和滤池。

普通中和滤池为固定床式,按水流方向分为平流式和竖流式,竖流式又分为升流式和降流式,如图 4-1 所示。竖流式是采用较多的一种方式。在普通中和滤池中,滤床厚度一般 1～1.5m,滤料粒径一般为 5～20mm,过滤速度小于 5m/h,接触时间不小于 10min。要对废水进行检查,及时对废水中存在的堵塞滤料的物质进行预处理。实践表明,随着废水硫酸浓度的加大,滤料极易堵塞,因此这种滤池的中和效果不明显,目前已使用较少。

(2)升流式膨胀中和滤池。

根据污水通过滤料层时滤速发生变化与否,可将升流式膨胀中和滤池分为恒速升流式和变速升流式两种。

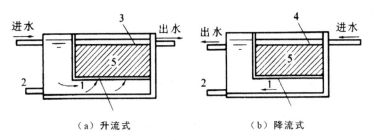

（a）升流式　　　　　　　　　（b）降流式

图 4-1　普通中和滤池

1—带孔底板；2—放空管；3—受水槽；4—配水槽；5—中和滤料

1)恒速升流式膨胀中和滤池。恒速升流式膨胀中和滤池（如图 4-2 所示）的构造由 4 部分组成：底部的进水设备、卵石垫层、石灰石滤料和缓冲层清水区。底部的进水设备分别采用大阻力、小阻力配水系统，采用大阻力穿孔管布水时，孔径为 9~12mm；卵石垫层位于进水设备的上面，是由粒径为 20~40mm 的卵石铺设而成，一般厚度为 0.15~0.2m；卵石垫层的上面为石灰石滤料，一般滤料的粒径为 0.5~3mm，平均 1.5mm，而滤料层的厚度存在变化性，运转初期为 1~1.2m，最终换料时为 2m，这是因为滤料存在一定的膨胀性，并且分离状态为由下往上粒径逐渐减小；滤料上面是缓冲层清水区，高度为 0.5m，这一层主要是将水和滤料进行分离，在此区内水的流速逐渐减慢。出水由出水槽均匀汇集出流，整个滤池高度为 3~3.5m。

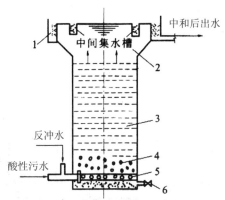

图 4-2　恒速升流式膨胀中和滤池

1—环形集水槽；2—清水区；3—石灰石滤料层；4—卵石垫层；

5—大阻力配水系统；6—放空管

这种滤池的特点是滤料的粒径比较小，增加了中和的表面积，使得反应速度加快；自下向上的设计提高了水流的速度，高达 30~70m/h，加之 CO_2 气体的作用，滤料之间出现摩擦,去除了沉淀物的阻碍,获得了较好的中和效果。正是因为过滤速度的提高才生成 CO_2,解决了滤床堵塞的问题。但是,要注意的是,由于水中含有大量溶解的 CO_2,因而出水的 pH 值为 4.2～5.0。

2)变速升流式膨胀中和滤池。变速升流式膨胀中和滤池如图 4-3 所示,这是一种改良的升流式滤池,其筒体呈倒圆锥状,滤料层截面由小至大。基于此,滤池底部的过滤速度相对较大,为 130～150m/h,可以使全部滤层膨胀;而滤池上部的过滤速度相对较小,为 40～60m/h。这样的结构可以在不流失微小滤料的基础上,避免出现 $CaSO_4$ 覆盖层出现在滤料表面,从而提高滤料的利用率。采用此种滤池中和含硫酸污水,硫酸的允许质量浓度可以提高为 2.5g/L。

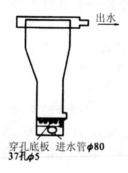

图 4-3　变速升流式膨胀中和滤池

(3)滚筒式中和滤池。滚筒式中和滤池如图 4-4 所示,将滤料装于滚筒中,使其在一起转动中相互碰撞,使得中和产物在滤料上形成的覆盖层能及时剥离,提高中和反应速度。其中,处理过程中产生的其他废水则流向滚筒的另一端口。

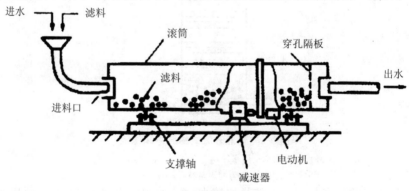

图 4-4　滚筒式中和滤池

滚筒的直径为 1m 或更大,滚筒的长度与直径成比例(6:1 或 7:1)。滚筒的转轴倾斜角度为 $0.5° \sim 1°$,转速约为 10r/min。一般而言,滤料的粒径为 $10 \sim 20mm$,装料的体积为滚筒体积的一半即可。在进行中和处理时,对废水的硫酸浓度没有限制,并且滤料的粒径不宜过小。但是,滚筒的构造极为复杂,动力费用较高,运转对哭声较大,而且对设备材料的耐腐蚀性能要求很高,但其负荷率很低(约为 $36m^3/m^2 \cdot h$)。

(三)碱性废水的中和处理

1.药剂中和

工业硫酸是最常用的碱性废水中和剂,价格低廉、存储简单。在使用药剂中和方法对碱性废水进行处理时,其工艺、设备与酸性废水处理方法相一致。其中,酸性中和剂的比耗量见表 4-2。

表 4-2　酸性中和剂的比耗量

碱的名称	中和 1kg 碱需要的酸/kg							
	H_2SO_4		HCl		HNO_3		CO_2	SO_2
	100%	98%	100%	36%	100%	65%		
NaOH	1.22	1.24	0.91	2.53	1.57	2.42	0.55	0.80
KOH	0.88	0.90	0.65	1.80	1.13	1.74	0.39	0.57
$Ca(OH)_2$	1.32	1.34	0.99	2.74	1.70	2.62	0.59	0.86
NH_3	2.88	2.96	2.12	5.90	3.71	5.70	1.29	1.88

2.烟道气中和

在烟道气中,含有大量的 CO_2 和少量的 SO_2、H_2S,其中 CO_2 的含量可达24%左右,因此碱性废水会与烟道气发生中和反应。例如,当含有氢氧化钠的碱性废水与烟道气中和时会发生如下化学反应:

$$2NaOH + CO_2 + H_2O = Na_2CO_3 + 2H_2O$$
$$2NaOH + SO_2 + H_2O = Na_2SO_3 + 2H_2O$$

从烟囱中抽出被冷却的烟气、废水作为冷却水和处理水,冷却和冷凝的烟道气经压力管送到液体分离器,在此烟道气和处理水被分离。冷凝的烟道气由一定长度的 PVC 或 PE 管送到中和反应器,反应器包括几个反应池,其数目取决于废水碱度和流速。利用泵将废水送入中和反应器中,使废水与烟道气一同流经中和反应处理的各个环节。为了保证烟道气的均匀分布,需要使用供气装置注入。在反应器出口部分测定废水 pH 值,只有当 pH 值达到限定范围时,废水才会自动流入排水沟。

利用烟道气中和方法不仅能够维护生态的平衡,而且还能够降低 CO_2 对大气的污染,进而对环境的改善和我国的经济效益有所帮助。另外,锅炉烟道气是免费提供的,不需要考虑燃料费用,而且在废水酸性不高的情况下也不需要设置昂贵的控制系统,还可以避免因酸性烟气腐蚀结构部件及运行设备而产生的泄漏的危险。

二、混凝

混凝往往是利用混凝剂的作用,通过在水中投加混凝剂,将水中粒径大致在 $1\sim100\,\mu m$ 之间的细小颗粒以及胶体颗粒脱稳并集聚成能够沉淀的较大颗粒,进而分离水与杂质,实现净化。混凝技术除了可以降低污水的浊度、色度和去除水中多余的有机物、重金属和放射性物质以外,还能够改善污泥的脱水性能。由此可见,混凝法在工业废水处理方面十分重要。

混凝法可以单独对废水进行处理,也可以与其他废水处理方法相结合,作为预处理、中间处理或最终处理。近年来,这三级处理也常常被采用。

(一)混凝原理

1.胶体的特征

(1)胶体的结构。胶体的结构十分复杂,大体上包括 3 部分:胶核、吸附层和扩散层。胶核是胶体的中心结构,它包含了数百乃至数千个分散的固体物质分子。在胶核表面形成的离子是由胶核的组成物直接电离而产生的,或者是胶核在水中选择吸附离子而造成的。这些胶核表面的离子被称为电位离子,它决定了胶粒电荷的大小和电性。另外,在电位离子的静电引力作用下,又有大量电荷相反的分子吸附在其周围,这些电荷相反的离子被称为反离子,并形成了反离子层。当胶核运动时,一些离子也随着运动,此时胶核周围就形成了吸附层(如图 4-5 所示)。而距离电位离子较远的离子由于受到的引力较弱,因而不随着胶核运动,并逐渐向水中扩散,这就形成了扩散层。

在吸附层与扩散层中间的交界面被称为滑动面。在滑动面以内的部分称为胶粒。由于胶粒还存在剩余的电荷,因而在胶粒和扩散层之间会产生电位,被称为界面动电位(ξ电位)。而胶核表面的电位离子与溶液之间的电位差称为总电位或Φ电位。

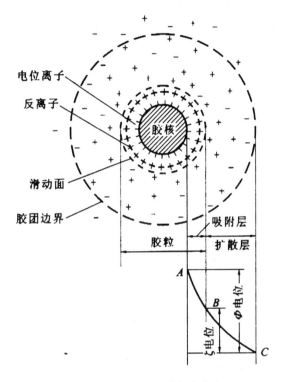

图 4-5　胶体结构及其电位分布

(2)胶体颗粒的稳定性与脱稳。胶体的稳定性是指胶体颗粒在水中保持分散状态,并且又不会沉降;而胶体颗粒失去稳定性的过程称为脱稳。

1)胶体颗粒的稳定性。胶体颗粒在水中具备稳定性的原因主要有 3 点:一是污水中胶体颗粒的质量很轻,尤其是胶体微粒,直径为 $10^{-3} \sim 10^{-8}$ mm,这些微小的细小的颗粒会在水分子热运动的碰撞中进行无规则的布朗运动;二是胶体颗粒本身带有电荷,具有通行电荷的胶体颗粒之间会产生静电排斥力,从而不能结成较大的颗粒而下沉;三是在胶体颗粒周围形成了由水分子组成的水化膜,妨碍了胶体颗粒之间的中和与凝聚。由此可见,废水中的胶体颗粒总是处于分散和稳定状态。

一般认为,胶体的稳定性与胶粒所带电量是正相关的关系,胶粒的电量越大,胶体的稳定性越好。而胶粒带电是由于胶核表面所吸附的电位离子比吸附层里的反离子多,当胶粒与液体做相对运动时,吸附层和扩散层之间便产生 ξ 电位。ξ 电位的绝对值越高,胶粒带电量越大,胶粒间产生的静电斥力也越大;同时,扩散层中反离子越多,水化作用也越大,水化壳也越厚,胶粒也就越稳定。

2)胶体颗粒的脱稳。胶体颗粒脱稳是使胶体颗粒沉降的一种方法,通过破坏胶体颗粒的稳定性,增加胶体颗粒之间的接触,以形成较大的可沉降颗粒。这一过程实现的关键在于减少胶粒的带电量,通过压缩扩散层厚度、降低 ξ 电位来达到。这个过程叫做胶体颗粒的脱稳作用。

2. 混凝的机理

目前,关于化学混凝的机理还没有完全研究清楚。这主要是因为它涉及水中杂质成分、浓度、pH 值、水温、碱度以及混凝剂的性质和混凝条件等诸多因素,难以进行全面的解释。但归纳起来,可以认为主要是以下 3 方面的作用:

(1)压缩双电层作用。这是对胶体凝聚进行阐述的一个重要理论。它着重阐明了无机盐混凝剂所提供的简单离子的情况,因而不能用这一原理完全解释水中的混凝现象,否则会产生矛盾。例如,三价铝盐或铁盐混凝剂投量过多时,混凝效果反而变差,水中的胶粒又重新获得稳定。基于此,其他混凝机理被提了出来。

(2)吸附架桥作用。将高分子物质(三价铝盐或铁盐等)混凝剂投入水中后,在水解和缩聚反应下会产生高分子聚合物,形成线性结构。这类高分子物质在被胶体微粒强烈吸附后,因其具有较大的线性长度,当它的一端吸附某一胶粒后,另一端又吸附另一胶粒,因而会在相距较远的两胶粒间形成吸附架桥,并且颗粒会逐渐结大,形成肉眼可见的粗大絮凝体,这一过程称为絮凝。

(3)网捕作用。三价铝盐或铁盐等水解而生成沉淀物。这些沉淀物在自身沉降过程中,能集卷、网捕水中的胶体等微粒,使胶体凝结,共同沉淀。

上述 3 种作用产生的微粒凝结现象——凝聚和絮凝总称为混凝。

不同的混凝剂,压缩双电层作用和吸附架桥作用所产生的影响存在一定的差异。例如,对于硫酸铝、氯化铁等无机混凝剂,上述 3 种机理会同时发挥作用;对于一些高分子混凝剂尤其是有机高分子混凝剂,发挥主要作用的是吸附架桥作用。

（二）混凝剂和助凝剂

1.混凝剂

混凝剂的作用在于破坏胶体的稳定性，促进胶体的絮凝。它的种类很多，按化学成分来划分，有无机混凝剂和有机混凝剂两种。

（1）无机混凝剂。目前广泛使用的无机混凝剂是铝盐混凝剂和铁盐混凝剂。

1）铝盐混凝剂。铝盐主要有硫酸铝$[Al_3(SO_4)_3 \cdot 18H_2O]$、明矾$[Al_2(SO_4)_3 \cdot K_2SO_4 \cdot 24H_2O]$、铝酸钠（$Na_3AlO_3$）、三氯化铝（$AlCl_3$）及碱式氯化铝$[Al_n(OH)_mCl_{3n-m}]$。

硫酸铝常用于脱除浊度、色度和悬浮物。具有价格便宜、无毒、使用方便和混凝效果良好等特点。由于硫酸铝混凝生成的絮凝体较轻，所以适宜的温度为20～40℃，pH值为5.7～7.8。

聚合氯化铝（PAC，即碱式氯化铝）是目前国内外使用较为广泛的一种无机高分子混凝剂。它作为多价电解质，能显著降低水中黏土类杂质（多带负电荷）的胶体电荷。具有吸附能力强、凝聚能力优良且沉淀性能更为明显等特点。由于水温对PAC的影响不是很大，因此低水温条件下的凝聚效果也非常好。另外，PAC对水的pH值降低较少，适宜的pH值范围为5～9。

2）铁盐混凝剂。铁盐主要有硫酸亚铁（$FeSO_4 \cdot 7H_2O$）、硫酸铁$[Fe_2(SO_4)_3]$、三氯化铁（$FeCl_3 \cdot 6H_2O$）及聚合硫酸铁$[Fe_2(OH)_n(SO_4)_{3-n/2}]_m$。

硫酸亚铁适用于碱度高、浊度大的污水。其优点是絮凝体的形成既稳定又快速，而且絮凝体较重，极大地缩减了沉降时间，能对臭味和色度有良好的处理；缺点是腐蚀性比较强，污水色度高时，色度不易除净。

三氯化铁是一种常用的混凝剂。在处理低温水、低浊度水方面，三氯化铁的效果要好于铝盐。其适宜的pH值范围为6～8.4。另外，它也存在一些缺点，如易吸水潮解、腐蚀性强和处理后的水的色度比用铝盐高等。

聚合硫酸铁具有一定的碱性，目前在污水处理中被应用得越来越多。与普通的铁铝盐相比，它具有明显的优势，如絮体生成快、投加剂量少、对水质的适应范围广及水解时消耗水中碱度少等。它最适宜的pH值范围为5.0～8.5，但在pH＝4.0～11范围内仍可使用；适宜的水温环境为10～20℃。

（2）有机混凝剂。目前，人工合成的有机高分子絮凝剂等有机混凝剂得到越来越广泛的应用。它的分子结构为链状，并且相对分子质量（相对分子质量为10^3～

10^6 数量级)很高,具有较强的絮凝能力。在实际中,采用较多的人工合成有机高分子絮凝剂有:聚丙烯酸钠(阴离子型)、聚乙烯吡啶盐(阳离子型)和聚丙烯酰胺(非离子型)等。其中,聚丙烯酰胺(PAM)被应用得最为广泛。具有用量少、凝聚速度快、絮凝体粗大强韧等优点。在与铁、铝盐结合使用时,处理效果更加显著。

随着有机合成工业的不断更新与发展,合成高分子混凝剂的种类也逐渐增加。当前研究的重点是离子型高分子混凝剂,它优异的性能吸引着人们对其展开进一步的探索。

2. 助凝剂

有时候一些混凝剂单独使用的效果可能并不好,这就需要再投加某些能够辅助其发挥效用的药剂,以提高混凝效果。一般这类辅助药剂被称为助凝剂。助凝剂的种类主要有:

(1)pH 调整剂。当原水的碱度不足时,可投加石灰或碳酸钠等调节 pH 值。常用的 pH 值调整剂有 H_2SO_4、CO_2、$Ca(OH)_2$、$NaOH$、Na_2CO_3 等。

(2)氧化剂。当采用硫酸亚铁作混凝剂时可用氯气将 Fe^{2+} 氧化成 Fe^{3+} 等。

(3)絮凝结构改良剂。助凝剂具有改善絮凝体结构的作用。这一作用是通过其强烈的吸附架桥作用,进而改变细小松散絮凝体的结构,使其变得粗大、紧密。常用的絮凝结构改良剂有聚丙烯酰胺、活化硅酸、海藻酸钠、骨胶、粉煤灰、黏土等。

(三)混凝工艺与设备

1. 混凝过程

污水的混凝沉淀法分为以下几个阶段,即投药、混合、反应、沉淀分离。

其中,混合阶段需要加入剧烈的搅拌,以缩短时间,增强效果。而混合阶段的作用在于对药剂进行及时、迅速、均匀的分配,使其到达废水的各部分,进而压缩废水中的胶体颗粒,破坏胶粒的稳定性,最终形成较大的絮凝体。

在反应阶段,由于碰撞、吸附架桥作用的影响,聚结作用下生成的微粒与废水中原有的悬浮微粒会生成较大的絮体,然后进入沉淀池,实现分离。具体而言,反应阶段的作用是促使失去稳定性的胶体颗粒碰撞结大,成为可见的矾花絮体。另外,反应阶段所需要的时间相对较长,因而只能慢慢地进行搅拌。

2.混凝设备

混凝剂的溶解和投加过程如图 4-6 所示。混凝设备包括：混凝剂的配制和投加设备、混合设备和反应设备。

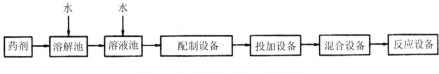

图 4-6　混凝剂的溶解和投加过程

（1）混凝剂的配制与投加设备。目前，混凝剂的投加形式主要有两种：固体投加、液体投加。国内采用较为广泛的投加形式是液体投加，这种投加形式需要先将混凝剂按照一定的浓度进行溶解，之后再按照一定的剂量进行投加。由此可见，液体投加形式所需的设备有两个，即配制设备和投加设备。

混凝剂的溶解是在溶解池中进行的，为了能加快药剂溶解，就需要对其进行搅拌。最为常见的搅拌方法有：①机械搅拌，这是一种利用电机带动搅拌桨或涡轮进行搅拌的方法；②压缩空气搅拌，首先对空气进行压缩处理，随后将其加入溶解池中；③水泵搅拌，直接用水泵从溶解池内抽取溶液再循环回溶解池。需要注意的是，在溶解无机盐类的混凝剂时，需要做好防腐措施。

（2）混合设备。由于水泵的混合效果良好，因而泵前重力投加形式下的药剂投加不需要另外的混合设备；而其他的投加方式则需要配备一些混合设备使用。常见的有隔板混合及机械混合两种形式。

1）隔板混合。隔板混合池是由数块隔板组成，由于水流在通过隔板孔道时会出现收缩、扩散的现象，因而会促使药剂与原水充分混合。不同隔板之间的距离大约是池子宽度的 2 倍，隔板孔道交错设置。另外，要保证通过孔道的水流速度在 1m/s 以上，整个隔板混合池内水流的平均速度不小于 0.6m/s。混合时间一般为 10～30s。隔板混合一般适于水流量变化较小时的混合，如果水流量变化大时，混合效果不太好。

2）机械混合（如图 4-7 所示）。这是一种借助电动机带动搅拌桨完成搅拌的一种混合形式，又被称为桨板混合。在搅拌过程中，桨板的外缘线速度一般为 2m/s，混合时间约为 10s。优点：通过调节转速可以调节搅拌的强度，操作简便、灵活。缺点：增加了能耗及人工维护保养工作。

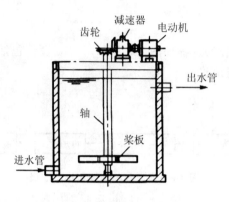

图 4-7　机械混合池

（3）反应设备。根据反应池中水力流动的方式来看,反应设备可以分为隔板反应池和机械搅拌反应池。

1)隔板反应池。隔板反应池分为往复式（如图 4-8 所示）和回转式两种,池中设多道隔板,形成狭长回转的廊道,水流在廊道中曲折前进,从而达到混凝目的。为了不破坏已经结成的絮凝体,需要让水流逐渐变小。在往复式隔板絮凝池内,水流做 180°转弯,局部水头损失较大,而这部分能量消耗往往对絮凝效果作用不大。因为 180°的急剧转弯会使絮体有破碎可能,特别在絮凝后期。回转式隔板絮凝池内水流做 90°转弯,局部水头损失大为减小,絮凝效果也有所提高。为保证絮凝初期颗粒的有效碰撞和后期的矾花顺利形成免遭破碎,出现了往复-回转组合式隔板絮凝池。

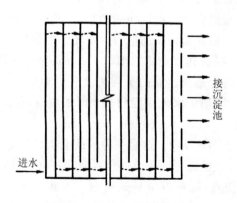

图 4-8　往复式隔板反应池

隔板反应池的廊道中水流的流速按从大到小计算,起端流速一般为 0.5~ 0.6m/s,末端流速一般为 0.15~0.2m/s,用改变隔板之间的间距来达到改变流速的要求。隔板反应池水力停留时间为 20~30min,总的水头损失为 0.3~0.5m。

为了便于施工,隔板间的净间距一般需大于 0.5m。池底应有 0.02~0.03 坡度并设排泥管。转弯处的过水断面应是隔板间过水断面积的 1.2~1.5 倍。

隔板反应池的优点是构造简单,管理方便。缺点是流量变化大者,反应效果不稳定,且池子容积较大。如果水流量过小,隔板间距过窄,会给施工和维修带来困难。

2)机械搅拌反应池。依靠搅拌桨在搅拌池中转动对溶液进行搅拌,这样可以让水中的颗粒在相互碰撞的状态中实现混凝。搅拌桨的转动轴分为水平式和垂直式两种(如图 4-9 所示)。

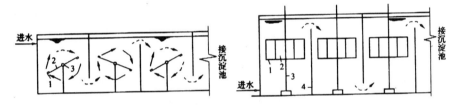

图 4-9　机械搅拌反应池

1—桨板;2—叶轮;3—旋转轴;4—隔墙

机械搅拌反应池当中的搅拌桨的总面积为水流截面积的 10%~20%,最多不得超过 25%;搅拌桨的长度不大于叶轮直径的 75%;搅拌桨的宽度一般是 10~30cm。

叶轮半径中心点的旋转线速度是逐格减少的,第一格为 0.5~0.6m/s,最后一格为 0.1~0.2m/s;反应时间为 15~20min。

第二节　化学沉淀

一、化学沉淀原理

溶解度指的是一种化合物的饱和浓度,表示的是化合物在水中的溶解能力。

根据化合物的溶解度可以将其分为 4 类:一是"可溶"物质,即在 100g 水中最大溶解量在 1g 以上;二是"难溶"物质,即在 100g 水中最大溶解量在 1g 以下;三是"微溶"物质,这是一种介于"可溶""难溶"之间的物质;四是"不溶"物质,即在水中不会发生溶解的物质。"难溶"与"不溶"是不同的,难溶盐的饱和溶液是一种稀溶液,溶解后的电解质是以离子的状态存在的,每一种离子的溶度乘积是一个常数,称为溶度积常数,简称"溶度积",以 K_{sp} 表示,化学式如下:

$$M_m N_n \rightleftharpoons m M^{n+} + n N^{m-}$$

$$K_{sp} = [M^{n+}]^m [N^{m-}]^n$$

式中　$[M^{n+}]$——M 离子的摩尔浓度,mol/L;

　　　$[N^{m-}]$——N 离子的摩尔浓度,mol/L。

当溶液中$[M^{n+}]^m [N^{m-}]^n > K_{sp}$时,溶液过饱和,过饱和的溶质以沉淀的形式析出;当$[M^{n+}]^m [N^{m-}]^n = K_{sp}$时,溶液饱和,但不产生沉淀;当$[M^{n+}]^m [N^{m-}]^n = K_{sp} < K_{sp}$时,溶液未饱和,$M^{n+}$ 离子和 N^{m-} 离子全部溶解。为了去除水中的 M^{n+} 离子,可以向水中大量投加含有 N^{m-} 离子的化合物,使$[M^{n+}]^m [N^{m-}]^n > K_{sp}$,形成 $M_m N_n$ 沉淀。

其中,沉淀剂指的是一种含有 N^{m-} 离子的化合物。能否找到合适的沉淀剂是决定某一具体离子采用化学沉淀法与污水分离是否可行的重要因素。沉淀剂的选择可参看化学手册中的溶度积表。

二、氢氧化物沉淀法

碱金属和部分碱土金属以外的其他金属的氢氧化物基本上都是难溶的,因而利用氢氧化物沉淀法可以去除水中的重金属离子。石灰、碳酸钠、苛性钠、石灰石、白云石等碱性药剂可以充当沉淀剂。

对一定浓度的某种重金属离子 M^{n+} 来说,水中的 OH^- 离子浓度是决定难溶氢氧化物沉淀是否生成的关键。换言之就是,金属氢氧化物沉淀的主要条件是溶液的 pH。

若以 $M(OH)n$ 表示金属氢氧化物,则

$$M(OH)_n = M^{n+} + n OH^-$$

$$K_{M(OH)_n} = [M^{n+}][OH^-]^n$$

水的离子积为

$$K_{H_2O} = [H^+][OH^-] = 1 \times 10^{-14} (25℃)$$

三、硫化物沉淀法

（一）原理

多数金属能形成硫化物沉淀，而这些金属硫化物当中大多数的溶解度都要比氢氧化物小很多。所谓硫化物沉淀法，指的是将硫化氢、硫化铵或碱金属的硫化氢加入废水当中，促使想要去除的金属离子生成难溶的硫化物，最终实现分离纯化。

硫化物沉淀法常用的沉淀剂有 H_2S、Na_2S、$NaHS$、$(NH_4)_2S$ 等。

S^{2-} 和 OH^- 离子都能与诸多金属离子形成络合阴离子，进而增加金属硫化物的溶解度，这样将对重金属的沉淀产生阻碍，因而应该对沉淀剂的投加量进行相应的控制。

（二）应用

在处理含汞废水时，硫化物沉淀法应用最为广泛。

在 $pH＝8\sim10$ 的碱性条件下，通过投加硫化钠，对废水中的汞离子或亚汞离子进行处理，反应过程如下：

$$2Hg^+ + S^{2-} \Longleftrightarrow Hg_2S \Longleftrightarrow HgS \downarrow + Hg \downarrow$$

$$Hg^{2+} + S^{2-} \Longleftrightarrow HgS \downarrow$$

采用这种方法处理含汞废水时，生成的硫化汞颗粒比较小，沉淀物在分离的时候相对有难度，因而为了能够进一步提高除汞的效果，可以适当投加硫酸亚铁等混凝剂进行共沉，这种方法称为硫化物共沉法。在处理过程中，部分 Fe^{2+} 离子也能生成 $Fe(OH)_2$ 沉淀。

反应生成的 FeS 和 $Fe(OH)_2$ 可作为 HgS 的载体。HgS 吸附在载体表面上，与载体共同沉淀。

四、其他沉淀法

（一）钡盐沉淀法

钡盐沉淀法主要用于处理六价铬的废水，碳酸钡、氯化钡、硝酸钡、氢氧化钡等是比较常用的沉淀剂。若将碳酸钡作为沉淀剂，反应过程如下：

$$BaCO_3 + CrO_4^{2-} \Longrightarrow BaCrO_4 + CO_3^{2-}$$

碳酸钡是一种难溶盐,它的溶度积 $K_s = 8.0 \times 10^{-9}$,铬酸钡的溶度积 $K_s = 2.3 \times 10^{-10}$。相比之下,铬酸钡的溶度积更小,因此向含有铬酸根的水中投加碳酸钡,Ba^{2+} 就会和 CrO_4^{2-} 生成 $BaCrO_4$ 沉淀,从而使 Ba^{2+} 和 CrO_4^{2-} 浓度下降。$BaCO_3$ 就会逐渐溶解,直到 CrO_4^{2-} 离子完全沉淀。这种从一种沉淀转化为另一种沉淀的方法称为沉淀的转化。

为了提高除铬效果,应投加过量的碳酸钡,反应时间为 $25 \sim 30min$。出水中过量的 Ba^{2+} 可以用石膏去除:

$$CaSO_4 + Ba^{2+} = BaSO_4 + Ca^{2+}$$

(二)碳酸盐沉淀法

由于许多金属的碳酸盐都是难溶物质,因而碳酸盐沉淀法对于去除废水中的金属离子非常有效。碳酸盐沉淀法可以有不同的方法:

(1)利用难溶的碳酸钙。将难溶的碳酸钙作为沉淀剂,可以通过沉淀转化的原理,促使某些金属离子生成溶度积更小的碳酸盐,进而析出。

(2)利用可溶的碳酸钠。将可溶的碳酸钠作为沉淀剂,促使水中金属离子生成难溶的碳酸盐沉淀而析出。

(三)铁氧体沉淀法

铁氧体是一种复合的金属氧化物,具有一定的晶体结构,具有较高的磁导率和较高的电阻率。既不溶于水,也不溶于酸、碱、盐溶液。其中尖晶石型铁氧体的化学组成一般可以用通式 $BO \cdot A_2O_3$ 表示。其中 B 代表二价金属,A 代表三价金属。还有一些铁氧体的 A 或 B 分别是由两种金属组成的,这种铁氧体的结构更为复杂。磁铁矿(Fe_3O_4 或 $FeO \cdot Fe_2O_3$)是一种天然的尖晶石型铁氧体。污水中的重金属可以通过形成 $M_xFe_{3-x}O_4$ 的尖晶石型铁氧体而去除。

第三节　氧化还原

一、氧化还原的基本原理

所谓氧化还原,指的是将有毒有害物质转化为无毒无害物质。具体是将废水中的污染物转化为固体或者是气体,进而从水中分离出去。

对于无机物而言,在氧化还原反应中,元素(原子或离子)会得到电子,也会失去电子。一般来说,氧化剂是会得到电子的物质,其本身被还原;还原剂是失去电子的物质,其本身被氧化。

另外,物质的氧化还原电位也是其氧化还原能力评判的重要指标。在化学手册中明确了标准氧化还原电位 E_0,其数值是按照负值到正值来依次排列的。排在前边的可以作为还原剂对排在后面物质进行还原,并释放出电子;排在后面的则是作为氧化剂对排在前面的物质进行氧化,从而得到电子。E_0 越大,氧化能力越强。氧化剂和还原剂的电位差越大,反应进行得越彻底。

对于有机物而言,由于碳原子与其他原子结合是通过共价键实现的,因而它们的氧化还原反应不能用电子的得失进行判断。通常情况下,氧化表现为加氧或去氢,还原表现为加氢或去氧。

在氧化还原反应中,有时候还原剂和氧化剂是由有毒有害物质来充当的。当有毒有害物质作为还原剂参与反应时,需要加入空气、氯气、臭氧、漂白粉等氧化剂;当有毒有害物质作为氧化剂参与反应时,则需要加入硫酸亚铁、氯化亚铁、锌粉等氧化剂。

二、化学氧化

(一)空气氧化

将空气中的氧作为氧化有机物或还原物质的氧化剂,这种方法被称为空气氧化法。目前,空气氧化法在含硫废水的处理中应用最多。

炼油厂、皮革厂、石油化工厂等排出来的工业废水多为含硫的废水。在废水中,硫化物存在的形式是钠盐($NaHS$ 或 Na_2S)或铵盐[NH_4HS 或 $(NH_4)_2S$]。但是,在酸性废水中,其存在形式则为 H_2S。若废水中硫的含量较小或者没有回收价值时,空气氧化法是非常适用的一种处理方法。

空气氧化法的具体反应过程为:向废水中同时注入空气和热蒸气,硫化物转化为无毒的硫代硫酸盐或硫酸盐。

$$2S^{2-} + O_2 + H_2O \longrightarrow S_2O_3^{-2} + 2OH^-$$

$$2HS^- + 2O_2 \longrightarrow S_2O_3^{-2} + H_2O$$

$$S_2O_3^{-2} + 2O_2 + 2OH^- \longrightarrow 2SO_4^{-2} + H_2O$$

通过上面的式子可以计算出氧化含硫废水所需要的理论需氧量,即氧化 1kg

氧化物（以 S 计）为硫代硫酸盐所需要的理论需氧量为 1kg，约相当于 $3m^3$ 的空气。但是，实际操作中的供气量是理论数据的 2～3 倍。

空气氧化脱硫在脱硫塔中进行（如图 4-10 所示）。

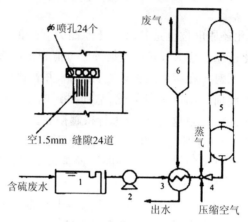

图 4-10　氧化脱硫塔

1—隔油池；2—泵；3—换热器；4—射流器；5—空气氧化塔；6—分离器

含硫废水经过隔油沉渣后与压缩空气及水蒸气混合，升温至 80～90℃，进入氧化塔，塔径一般不大于 2.5m，分 4 段，每段高 3m。每段进口处设喷嘴，雾化进料。塔内气水体积比不小于 15，废水在塔内的平均停留时间为 1.5～2.5h。

试验表明，当操作温度为 90℃、废水含硫量为 2900mg/L 时，脱硫率达 98.3％；若只改变其温度条件，将其定为 64℃时，脱硫率为 94.3％。

（二）臭氧氧化

由于臭氧（O_3）具有极强的氧化能力，它能够氧化污水中的污染物，再通过分解将其变为低毒或者是无毒的化合物，因而能够净化水质，这就是臭氧氧化法。另外，它除了可以降低污水中的 BOD、COD 以外，还可以起到脱色、除臭、除味、杀菌、杀藻等作用。目前，这种处理方法越来越受到人们的关注。

1. 臭氧的物理化学性质

臭氧是氧气（O_2）的同素异形体，在常温下，它是一种有特殊臭味的淡蓝色气体。化学分子式为 O_3，三原子形式的氧。常温、常态、常压下无色，有腥臭的气味，具有强氧化作用。

臭氧的氧化能力极强，其氧化还原电位仅次于氟，在其应用中主要使用这一特性。对大多数金属(除金、铂外)而言,臭氧都具有一定的腐蚀性,其中不含碳的铁、铬合金的耐腐蚀性最好,因而常被用于制造臭氧化反应设备及零部件。

含臭氧的空气通常是以空气为原料,称为臭氧化空气。在臭氧化空气中,只有0.6%～1.2%(体积分数)为臭氧。若是将纯氧气作为原料,那么将产生纯氧与臭氧的混合气体,而臭氧的含量有所增加。

臭氧的稳定性较差,在常温下慢慢分解,200℃时迅速分解,可自行分解为氧气。纯度为1%以下的臭氧,在常温常压下,其半衰期为16h左右,所以臭氧不易贮存,需要一边生产一边使用。臭氧在水中的分解速度比空气中快。

2.臭氧的制备

无声放电法、放射法、紫外线辐射法、等离子射流法和电解法是比较常见的臭氧制备方法。其中,无声放电法又分为气相中放电、液相中放电两种。在对污水进行处理时,气相中无声放电法的应用较为广泛。

将一个不锈钢管套在玻璃管的外边,二者之间的空隙为放电间隙;玻璃管内侧的管壁上涂抹石墨,并作为一个电极使用。当交流电源变压器升压后,高压交流点会在放电间隙中产生高度电流。而作为介电体的玻璃管可以防止两极间产生火花放电。之后从另一端加入干燥的空气或氧气,使其受到高度电子流的轰击,最终生成臭氧化空气或臭氧化氧气。反应式为

第一步: $\qquad O_2 \longrightarrow 2O$

第二步: $\qquad 3O \longrightarrow O_3$

反应中伴随有 $O+O_2 \longrightarrow O_3$,该反应和第二步反应一样,其逆反应是臭氧的分解,尤其在高温下分解速度会加快,因而用此种方法生产臭氧,产率都不高。

当以空气为原料生产臭氧时,实际电耗为 $16\sim18kW \cdot h/kg\ O_3$。

在污水处理中,臭氧氧化反应实质上是一种气-液接触反应,表现为非均相。按照臭氧氧化空气与水的接触方式来分,臭氧氧化反应设备有3种:气泡式、水膜式和水滴式。

3.臭氧氧化在废水处理中的应用

在对印染废水、含氰或含酚废水处理等方面,臭氧氧化的应用较为广泛。但是在实际应用过程中,它既有优点,又有缺点。优点:具有较强的氧化能力,处理后的废水不易产生二次污染,也不会出现污泥;设备的使用与操作十分方便。缺点:臭氧的发生装置所需要的费用较高,臭氧的生产率相对较低,而且在氧化过程中,对臭氧

的利用也比较低,这就造成了处理成本较高、氧化效果不显著等问题。

下面以含氰废水的处理为例来简要介绍臭氧氧化的实际运用。氰与臭氧的反应式为

$$2KCN + 3O_3 \Longrightarrow 2KCNO + 2O_2$$
$$2KCNO + H_2O + 3O_3 \Longrightarrow 2KHCO_3 + N_2 + 3O_2$$

按上式反应,第一步,每去除 1mg CN^- 需臭氧 1.84mg,生成的 CNO^- 的毒性为 CN^- 的 1%;第二步氧化到无害状态时,每去除 1mg CN^- 需臭氧 4.61mg。

(三)氯氧化

在医院污水处理、工业废水处理以及含氰、含酚、含硫化物的废水和染料废水的处理中,氯氧化法的应用较为广泛。氯氧化法主要是对污水进行脱色、除臭和杀菌处理。目前,比较常用的药剂有液氯漂白粉和次氯酸钠等。药剂进入水溶液之后,可以电离生成次氯酸离子。

$$Ca(ClO)Cl \Longrightarrow Ca^{2+} + Cl^- + ClO^-$$
$$NaClO \Longrightarrow Na^+ + ClO$$
$$Cl_2 + H_2O \Longrightarrow H^+ + Cl + HClO$$
$$HClO \Longrightarrow H^+ + ClO$$

HClO 和 ClO 的标准电极电位如下:

在酸性溶液中 $HClO + H^+ + 2e \Longrightarrow Cl^- + H_2O$ $E^\ominus = 1.49V$

在碱性溶液中 $ClO^- + H_2O + 2e \Longrightarrow Cl + 2OH$ $E^\ominus = 0.9V$

在中性溶液中 $E^\ominus = 1.2V$

由此可以看出,虽然 HClO 和 ClO^- 二者的氧化能力都很强,但是 HClO 的氧化能力还要更强一些。这说明在酸性溶液中,氯氧化法的效果更为明显。

1. 含氰污水的氯氧化

在对含氰污水进行氯氧化时,需要按照一定的阶段进行。第一阶段就是在 pH=10~11(因中间产物 CNCl 毒性与 HCN 相等且在酸性介质中稳定)的条件下,将 CN 氧化成氰酸盐,时间为 10~15min。反应过程为

$$CN^- + ClO^- + H_2O \Longrightarrow CNCl + 2OH^-$$
$$CNCl + 2OH \Longrightarrow CNO^- + Cl^- + H_2O$$

与 HCN 相比,氰酸盐 CNO^- 的毒性已经很小了,但是出于水体安全的考虑,应及时进行第二阶段的处理,对碳氮键进行完全破坏。第二阶段主要是通过增加

漂白粉或氯的投量,实现完全氧化。这一阶段需要的条件是 pH＝8～8.5,时间为 1h 以内。反应过程为

$$2CNO+3ClO \!\!=\!\!\!=\!\! CO_2\uparrow+N_2\uparrow+3Cl+CO_3^{2-}$$

采用液氯作为氧化剂时,实现完全氧化所需要的理论药剂总量为 $CN:Cl_2=1:6.83$。但是,从实际上来看,为了完全氧化 CN^- 需要多加入 8 倍的氯。这一反应过程主要在反应池和沉淀池完成,还要伴随连续的搅拌(压缩空气搅拌或水泵循环搅拌)。若水量较少,则可以采取间歇性的操作方式。

2. 硫化物的氯氧化

氯氧化硫化物的反应如下:

$$H_2S+Cl_2 \!\!=\!\!\!=\!\! S+2HCl$$
$$H_2S+3Cl_2+2H_2O \!\!=\!\!\!=\!\! SO_2+6HCl$$

硫化氢部分氧化成 S 时,1mg/L 的 H_2S 需 2.1mg/L 的 Cl_2;完全氧化为 SO_2 时,1mg/L 的 H_2S 需 6.3mg/L 的 Cl_2。

3. 含酚废水的氯氧化

采用氯氧化法对含酚废水进行处理时,所需要的药剂量为 6:1(氯量:酚量),这样的配比能将酚完全破坏,但是,实际上所需的投氯量要至少超出 10 倍,因为污水中的其他化合物也会消耗氯。如果氯的投量不够充分地氧化酚,那么就会生成具有强烈臭味的氯酚。另外,若氯化过程是在碱性环境下进行的,那么也会产生氯酚。

4. 污水脱色

氯有较好的脱色效果,可用于印染废水脱色。脱色效果与 pH 以及投氯方式有关。在碱性条件下效果更好。若辅加紫外线照射,可大大提高氯氧化的效果,从而降低氯用量。

(四)其他氧化

除上述常用的氧化剂(臭氧氧化、氯氧化、空气氧化)以外,高锰酸盐也可以作为氧化剂来使用。

作为一种氧化剂,高锰酸盐具有极强的氧化能力。它能与水中的多种成分发

生反应,如 Fe^{2+}、Mn^{2+}、S^{2-}、CN^-、酚以及有机化合物等。在氧化反应过程中,高锰酸盐被还原,生成水合二氧化锰,使其具备较强的吸附能力和杀菌能力。优点:高锰酸盐易于投配和监测,且氧化出来的水无异味。缺点:处理成本较高,还会对鱼类产生较大的毒性(鱼类安全的最高浓度为 5mg/L)。

综上所述,高锰酸盐可以和其他处理方法结合使用,以降低处理成本。

三、化学还原

通过向废水中投加还原剂,利用还原反应将废水中的有毒、有害物质还原成无害物质或者毒性小的新物质的方法就是还原法。在废水中存在的诸多重金属离子(Cr^{6+}、Hg^{2+} 等)也可以通过还原法进行处理。目前,常被用作还原剂的物质有:氯化亚铁、硫酸亚铁、锌粉、铁屑、二氧化硫、硼氢化钠等。

(一)还原法去除六价铬

在冶炼、电镀、化工、制革等工业废水中含有 Cr^{6+},这是一种剧毒物质。通常有铬酸根 CrO_4^{2-} 和重铬酸根 $Cr_2O_7^{2-}$ 两种形式。在酸性溶液中,主要以 O_4^{2-} 存在;在中性或碱性溶液中,主要以 CrO_4^{2-} 存在。

由于 Cr^{6+} 的毒性极强,因而可以先将其还原成毒性极微的 Cr^{3+},这是最早采用的一种还原处理方法。在还原过程中,需要用亚硫酸氢钠、二氧化硫、硫酸亚铁等物质作为还原剂。具体的还原反应如下:

$$H_2Cr_2O_7+6FeSO_4+6H_2SO_4 \Longrightarrow Cr_2(SO_4)_3+3Fe_2(SO_4)_3+7H_2O$$
$$H_2Cr_2O_7+3H_2SO_3 \Longrightarrow Cr_2(SO_4)_3+4H_2O$$
$$2H_2Cr_2O_7+6NaHSO_3+3H_2SO_4 \Longrightarrow 2Cr_2(SO_4)_3+3Na_2SO_4+8H_2O$$

在酸性溶液中进行还原反应时,应保证 $pH<4$。例如,若将亚硫酸作为还原剂,$pH=3\sim4$ 时,氧化还原反应最为彻底,并且投药量也是最少的。此时,理论药剂用量为

$$Cr_{6+}:FeSO_4 \cdot 7H_2O=1:16$$

通过加碱(如石灰)的方式提高溶液的 pH,达到 $pH=8\sim9$,之后还原物 Cr^{3+} 与之发生反应,生成 $Cr(OH)_3$ 沉淀物,与溶液分离。

在采用药剂还原法去除 Cr^{6+} 时,还原剂和碱性药剂的选择要因地制宜,全面考虑。目前,普遍使用的是硫酸亚铁和石灰(称硫酸亚铁石灰法),因为其价格低廉,容易找到,但是也容易产生较多的沉渣。此外,亚硫酸氢钠和氢氧化钠也常被采用,虽然价格偏高,但是沉渣较少且便于回收利用。

厂区有二氧化硫及硫化氢污水时,也可采用尾气还原法来以废治废。

近年来,试验研究了用活性炭吸附处理含 Cr^{6+} 污水的方法。当 pH 很低时,本质上仍是一种还原法。

$$2H_2Cr_2O_7 + 3C + 6H_2SO_4 \Longrightarrow 2Cr_2(SO_4)_3 + 3CO_2 \uparrow + 8H_2O$$

(二)还原法除汞

在氯碱、制药、仪表、炸药等工业废水中含有 Hg^{2+},这也是一种剧毒物质。其处理方法是通过还原法将其还原为 Hg,之后再完成分离和回收。在选择还原剂时,多采用比汞活泼的金属(钢屑、铁屑、锌粒等)和氢化钠、醛类等物质。先将废水中的有机汞氧化为无机汞,随后进行还原反应。

将金属作为还原剂对汞进行还原处理时,一般要在滤柱中完成。由于反应速度会受到温度、pH、接触面积以及金属纯度等因素的影响,因而需要采用 2~4mm 的金属碎屑,还要去掉金属表层的物质,将温度控制在 20~80℃。如果温度过高,会产生汞蒸气。

(1)钢屑。采用铜屑作为还原剂时,溶液的 pH=1~10,这种方法可以在废水酸含量较高的情况下使用。如蒽酮磺化法制蒽醌双磺酸,用 $HgSO_4$ 作催化剂,废酸的质量分数为 30%,含汞 600~700m/L。采用铜屑过滤法除汞,接触时间不低于 40min,出水中含汞小于 10mg/L。

(2)铁屑。采用铁屑进行还原时,需要保证溶液的 pH=6~9,此时的耗铁量是最合理的。若 pH<6,铁因溶解会增加耗铁量;若 pH<5,由于还原不彻底,会有 H_2 析出并吸附在铁屑的表面,妨碍反应的发生。根据我国某厂的实践经验发现:在 50~60℃的温度条件下,工业铁粉与酸性废水中的 Hg^{2+} 经过 1~1.5h 的混合后,能够去除废水中 90% 以上的汞。

(3)锌粒。采用锌粒还原时,需要保证溶液的 pH=9~11。在较弱的碱溶液中,Zn 可以还原汞,但是其损失量也很大。反应后将游离出的汞与锌结合成锌汞齐,通过干馏,可回收汞蒸气。

据国外资料,用 $NaBH_4$ 可将 Hg^{2+} 还原为 Hg,反应式如下:

$$Hg^{2+} + BH_4^- + 2OH^- \Longrightarrow Hg \downarrow + 3H_2 \uparrow + BO_2^-$$

这一反应生成的条件为:pH=9~11,将质量分数为 12% 的 $NaBH_4$ 溶液加入碱性废水中,使之在固定螺旋混合器中发生反应,生成汞粒(粒径约 $10\mu m$),随之将汞粒通过水力旋流器进行分离,剩余的含汞废渣再经过真空蒸馏加工处理,回收 80%~90% 的汞,残留于溢流水中的汞,用孔径为 $5\mu m$ 的滤器过滤,出水残留汞低于 0.01mg/L。在排出的气体中,汞蒸气可以在用稀硝酸洗涤后再返回到原废水中进行二次回收。

第四节　电解

一、电解基本原理

所谓电解法,是指利用电解的基本原理,通过电解过程将含电解质废水的成分进行分离,并使分解物质在阴、阳两极分别发生氧化反应和还原反应,将废水当中的污染物质转化为无害物质,以净化废水。由于是将废水中的电能转化为化学能,因此也被称为电化学法。

接通电源时,电解槽的阳极上会发生氧化反应。这是因为废水中的 OH^- 在阳极上放电之后,产生了氧气;或者是因为在废水中含有 Cl^-(通常在电解时需投加电解质 NaCl),它也在阳极板上放电,产生 Cl_2。

$$4OH^- - 4e^- \longrightarrow 2H_2O + O_2 \uparrow$$

$$2Cl^- - 2e^- \longrightarrow Cl_2 \uparrow$$

当采用可溶性物质作阳极(如铁、铝等)时,还可发生如下阳极反应:

$$Fe - 2e^- \longrightarrow Fe^{2+}$$

$$Al - 3e^- \longrightarrow Al^{3+}$$

接通电源时,电解槽的阴极板上会发生还原反应。例如,水中 H^+ 移向阴极取得电子还原为氢,之后再与其他有机物相互作用,还原另一种物质。如果水中存在金属阳离子(如 Cu^{2+}),那么就会在移向阴极取得电子后得到还原,在阴极表面析出。

$$2H^+ + 2e^- \longrightarrow H^2 \uparrow$$

$$Cu^{2+} + 2e^- \longrightarrow Cu \downarrow$$

在电解过程中,阳极接纳电子,发挥氧化剂的作用;阴极则放出电子,发挥还原剂的作用。由此可见,电解法的本质就是直接或间接地利用电解作用,把水中污染物去除,或把有毒物质变成无毒、低毒物质。

需要指出的是,电解槽的阳极有可溶性和不溶性两种类型。不溶性阳极是由石墨、铂制成的,它们在电解过程中只负责传导电子,本身不参与反应。可溶性阳极是由铁、铝等可溶性金属制成的,这些金属会在电解过程中放出电子,然后氧化成正离子后进入溶液,这些正离子或沉积于阴极,或形成金属氢氧化物,起到凝聚的作用。通过这种凝聚作用对废水中有机物或无机胶体进行处理的过程,即为电解凝聚。此外,如果电解槽的电压超过水的分解电压时,那么在电解过程中 O_2、H_2 会出现在阳极、阴极表面,形成微小气泡并逸出,在气泡上升过程中会黏附水中的杂质微粒及油类浮至水面,这种过程即为电解气浮。电解凝聚和电解气浮同时存在于可溶性阳极的电解槽中,利用这两者可以处理多种含有机物、重金属污水,如制革污水等。

二、电解装置

电解槽以矩形为主,根据不同结构又有所区分:按槽内的水流情况划分,有回流式和翻腾式;按电极与电源母线连接方式划分,有单极性和双极性。

(1)回流式电解槽(如图 4-11 所示)。回流式电解槽由多组阴、阳电极交替排列组成,形成了折流式水流通道。电极板与进水方向垂直,水流沿着极板往返流动。优点:水流路线长,增加了接触时间;离子扩散与对流能力良好,提高了电解槽的利用率。缺点:施工、检修比较困难。

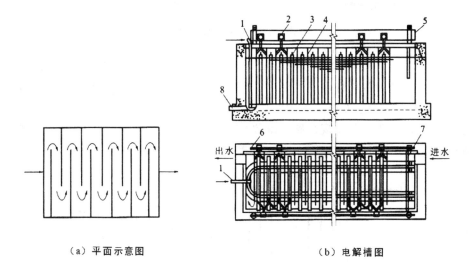

(a)平面示意图 (b)电解槽图

图 4-11 回流式电解槽

1—空气压缩管;2—螺钉;3—阳极板;4—阴极板;5—母线;

6—母线支座;7—水封板;8—排空阀

（2）翻腾式电解槽（如图 4-12 所示）。在实际生产中被采用较多的一种类型。电解槽被极板分成数段，极板面与槽内水流方向平行，水流沿着极板上下翻滚流动。优点：极板是分组悬在槽中，既可以避免在电解消耗过程中极板与槽壁互相接触发生变形，又可以减少漏电的现象。此外，使用方便，电极的利用率很高。缺点：水流路线短，不利于离子的充分扩散，槽的容积利用率较低。

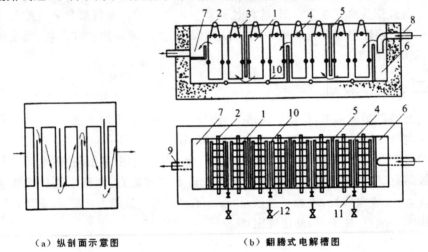

（a）纵剖面示意图　　　　　　　（b）翻腾式电解槽图

图 4-12　翻腾式电解槽

1—电极板；2—吊管；3—吊钩；4—固定卡；5—导流板；6—布水槽；7—集水槽；
8—进水管；9—出水管；10—空气管；11—空气阀；12—排空阀

（3）单极性和双极性电解槽（如图 4-13 所示）。在实际生产中，双极电解槽的应用较为普遍。由于双极电解槽的耗资较少，极板腐蚀均匀，而且相邻极板之间的接触机会较少，不容易出现短路等事故，因而双极性具有减少投资、节省费用和提高极板利用率等特点。

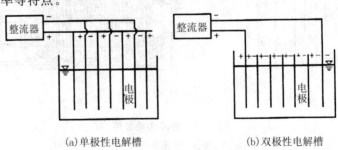

（a）单极性电解槽　　　　　　（b）双极性电解槽

图 4-13　电解槽的极板电路

三、电解氧化还原

电解氧化分为直接氧化和间接氧化。直接氧化是指废水中的污染物在电解槽的阳极失去电子后被氧化分解；间接氧化指的是废水中污染物在电解槽的阳极失去电子后，发生二次反应，使电极反应物与溶液中的污染物相互作用，进而生成无害成分。利用电解氧化可处理阴离子污染物［如 CN^-、$[Fe(CN)_6]^{3-}$、$[Cd(CN)^4]^{2-}$ 等］和有机物（如酚、微生物等）。

电解还原的主要处理对象是 Cr^{6+}、Hg^{2+} 等阳离子污染物。在目前的生产当中，大多是将铁板应用为电极，通过铁板溶解，金属离子在阴极被还原沉积而回收除去。

下面以电解除氰为例进行解释：

按照含氰和重金属的浓度，可以将电镀等行业排出的废水划分为 3 类：①低氰废水（CN^- 浓度低于 200mg/L）；②高氰废水（CN^- 浓度为 200～1000mg/L）；③老化液（CN^- 浓度为 1000～10000m/L）。

在电解除氰过程中，石墨板往往被用作阳极，普通钢板则被作为阴极，通过压缩空气进行搅拌。为了能够提高废水的电导率，可以适当地添加 NaCl。

直接氧化：电解过程中在阳极上发生直接氧化反应：

$$CN^- \xrightarrow{pH \geq 10} OCN^- \rightarrow CO_2 + N_2$$

间接氧化：Cl^- 在阳极放出电子产生 Cl_2，Cl_2 水解成 $HOCl$，OCl^- 氧化 CN^- 为 CNO^-，最终生成 N_2 和 CO_2。如果溶液的碱性不强，将有可能生成中间态 $CNCl$。

在阴极发生析出的氰浓度、氧化速度、电极材料等因素影响和决定着 H_2 和部分金属离子还原反应 $H^+ \rightarrow H_2$，$Cu^{2+} \rightarrow Cu$，$Ag^+ \rightarrow Ag$ 等的电解效果。对于低氰废水，可以具体参照表 4-3 进行工艺参数的选择。表 4-3 中的电流浓度指的是单位体积废水所通过的电流强度；电流密度指的是单位电极面积所通过的电流强度；电解历时指的是阳极与阴极之间的净间距为 30mm 时的数值。当废水中氰浓度在表 4-3 中所列数值的中间时，可按接近高浓度值来选择电解历时。

表 4-3　含氰废水电解工艺参数表

废水中 CN^- 浓度/（mg/L）	槽电压/V	电流浓度/（A/L）	电流密度/（A/m²）	电解历时/min
100	6～8.5	0.75～1.0～1.25	0.25～0.3～0.4	45～35～30
150	6～8.5	1.0～1.25～1.5	0.3～0.4～0.45	45～35～30
200	6～8.5	1.25～1.5～1.75	0.4～0.45～0.5	60～50～45

电解除氰的流程主要有两种:间歇式和连续式。间歇式流程比较适用于废水量较少,CN⁻浓度大于 100m/L,且水质、水量变化起伏较大的情况;若与此相反,则采用连续式。在间歇式流程中,调节和沉淀都是在电解槽中完成的;而连续式电解流程中,需要分别在调节池和沉淀池停留 1.5～2.0h。其中,连续式电解处理流程如图 4-14 所示。

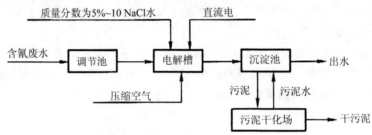

图 4-14　连续式电解处理流程

根据国内研究和实践的经验来看,采用翻腾式电解槽处理含氰废水,当极板净距为 18～20mm,极水比为 2.5dm²/L,电解时间 20～30min,阳极电流密度为 0.31～1.65A/m²,投加食盐为 2～3g/L,直流电压为 3.7～7.5V 时,可使 CN⁻浓度从 25～100mg/L 降至 0.1mg/L 以下。当废水中 CN⁻浓度为 25m/L 时,电耗约 1～2kW・h/m³;当 CN⁻浓度为 100mg/L 时,电耗约 5～10kW・h/m³。

第五章 水污染控制的深度 处理技术

水污染深度处理的一种方法是水污染控制的物理化学处理,该方法之所以能使污水得到净化,很重要的因素是将物理化学的原理和综合作用发挥出来。物理化学处理方法不但能够处理高浓度的污水,而且也能深度处理低浓度污水;既适用于给水处理,也适用于污水处理。本章主要论述吸附与离子交换、膜分离、浮选与萃取。

第一节 吸附与离子交换

一、吸附

(一)吸附机理及分类

通常,在发生吸附的过程中,也伴随界面现象的产生。溶质从水中移向固体颗粒表面,产生吸附效果,这种结果结合了水、固体颗粒以及溶质三者的综合作用。产生吸附过程的主要因素是:第一,溶质对水的疏水特性;第二,溶质表现出高度的对固体颗粒的亲和力,确定第一种原因的重要因素是溶质的溶解程度,溶解度越大的溶质,则有较小的可能性向表面运动;而憎水性越大的溶质,则移动到吸附界面的可能性就越大。

由溶质与吸附剂之间的范德华引力、化学键或静电引力构成了引起吸附作用的第二种原因,相对的有 3 种基本类型的吸附。

(1)物理吸附。吸附质与吸附剂之间由于分子间力(范德华力)而产生的吸附就是物理吸附。这种吸附具有以下 3 种特征：第一，选择性缺失，吸附质多少能在界面范围内自由移动，而不是在吸附剂表面的特定位置上固定不动，因而其吸附的牢固程度不如化学吸附。

在低温状态下，物理吸附最易发生，在此过程中有较小的热量放出，一般情况下保持在 41.9kJ/mol 的范围内，这也为多分子或单分子吸附层的形成提供了条件。第二，在物理吸附的过程中，释放热量，对热量的吸附较小，因而该过程在较低温度下可实现。第三，吸附质本身的热运动，可以促进解吸，这是因为其在吸附剂表面进行了自由移动。

（2）化学吸附。化学键力引起了化学吸附剂和吸附质之间发生的化学作用。其特征为：第一，一般情况下需要较高的温度才能很好地实现，对热量的吸附性较大，也可以认为是化学反应热，一般在 83.7～418.7kJ/mol 范围内；第二，化学键力大，吸附不可逆，换言之，化学吸附较稳定，不易解吸；第三，有选择性。一种吸附剂只能对某种或几种吸附质进行化学吸附。

（3）交换吸附。吸附质的离子在静电引力作用下，于吸附剂表面的带电点上进行聚集，并将原先固定在这些带电点上的其他离子置换出来，这就是交换吸附。一般情况下离子交换属此范围。

上述几种类型的吸附往往在实际的吸附过程中同时存在，区分起来比较困难。比较典型的是在经过物理吸附后，某些物质分子的化学键被拉长，甚至已经达到了改变该分子化学性质的程度；在一定条件下，物理吸附和化学吸附可以相互转化。相同的物质，可能在温度较低的情况下进行物理吸附，而化学吸附的过程则在高温情况下进行。

（二）吸附剂

从广义上说，吸附作用是一切固体物质表面都具有的性质。但实际上，具有明显吸附能力的，可以称得上是吸附剂的，只有那些具有很大表面积并且多孔性的物质或磨得极细的物质。

同时满足以下要求，才能成为工业应用的吸附剂：第一，优质的吸附选择性；第二，较大的吸附容量；第三，较低的吸附平衡浓度；第四，较高的机械强度；第五，稳定的化学性质；第六，再生和再利用性强；第七，制作材料来源广泛，价格低廉。

很多种类的吸附剂都可以在水处理中运用，包括氧化硅、活性炭、焦炭、麦饭石、磺化煤、煤灰、沸石、硅藻土、活性氧化铝、炉渣、白土、木屑、腐殖酸、树脂吸附剂等。其中活性炭、吸附树脂和腐殖酸类吸附剂的应用较为广泛。

活性炭是疏水性吸附剂,其较强的吸附作用对水溶性小的有机物有明显效果,因而作为吸附剂,对处理工业废水和城市污水有很大作用。

这里仅重点阐述污水处理中应用最广的活性炭。

(1)活性炭的分类。在生产中对活性炭的应用,通常需要颗粒状或粉末状的活性炭,一般不可重复使用的活性炭是粉末状活性炭,但其具有较强的吸附能力,并且制备起来较为容易,造价和成本都较为合理低廉。而可再生和可重复利用的是颗粒状活性炭,相比较而言其价格要比粉末状活性炭贵很多,但其在使用时有较好的劳动条件,因而颗粒状活性炭经常在水处理中使用。

而一种新型的较为高效的吸附材料就是纤维活性炭,它是有机碳纤维经过活化处理后形成的,也因此获得了巨大的比表面积和发达的微孔结构,拥有的官能团的数量也非常庞大,相比较目前普通的活性炭而言,其吸附性是极强的,但同时这种活性炭对工艺过程和原料也提出了较高的要求。

(2)活性炭的一般性质。活性炭作为一种疏水性吸附剂,其原料是以含炭为主的物质(如煤、木屑、果壳以及含炭的有机废渣等),通过在高温环境下的炭化和活化制得。除了炭以外,活性炭的主要成分还含有少量的氧、氢、硫等元素,以及水分、灰分。

活性炭具有暗黑色的外观,吸附性能以及化学稳定性良好,对于强酸和强碱有很强的耐性,经受得住高温和水浸环境。比重要轻于水,作为疏水性吸附剂来说,具有多孔性特征。

(3)细孔构造和细孔分布。在制造活性炭的过程中,去除挥发性有机物之后,于晶格间的空隙,出现了一定数量的细孔,它们的大小和形状都各不相同。一般,这些细孔壁的总表面积,也就是比表面积要高达 $500\sim1700\mathrm{m^2/g}$,这一性质也造就了吸附容量大和能力强的活性炭。但是由于吸附容量不仅与比表面积有关,而且还与微孔结构和微孔分布、炭表面化学性质有关,因而比表面积相同的活性炭,对同一种物质的吸附容量并不一定不同。

活性炭的孔径(半径)大致分为以下 3 种:

1)大孔: $10^{-7}\sim10^{-5}\mathrm{m}$。

2)过渡孔: $2\times10^{-9}\sim2\times10^{-7}\mathrm{m}$。

3)微孔: $0\sim2\times10^{-9}\mathrm{m}$。

一般的 $0.15\sim0.90\mathrm{mL/g}$ 为活性炭的微孔容积,占总面积 95% 以上的是其表面积,因而对吸附量影响最大的是微孔。相比较其他吸附剂,微孔特别发达是活性炭具有的特征;过渡孔的容积为 $0.02\sim010\mathrm{mL/g}$,其表面积通常不超过总表面积的 5%；大孔容积为 0.2～0.5mL/g，其表面积仅有 0.5～5m^2/g。

吸附容量在气相吸附中，很大程度上由微孔决定；而过渡孔起主要作用的是在液相物理吸附过程中，此时大微孔所起作用并不是很大，但大微孔的显著作用是在作为触媒载体时凸显出来的。

多种因素都能影响活性炭的性质，所制得的活性炭因为原料、活化条件和方法的不同，而呈现出不同的细孔半径，以及所占比例不同的表面积。

活性炭的细孔分布如图 5-1 所示。

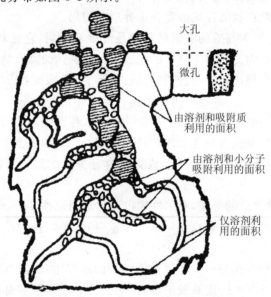

图 5-1　活性炭的细孔分布及作用模式

（4）活性炭水处理的特点。

1）对水中的有机物，活性炭会产生较强的吸附特性。活性炭对水中溶解的有机污染物具有很强的吸附能力，这是因为活性炭的比表面积巨大，细孔结构较为发达，可以强力吸附包括酚类化合物、苯类化合物、石油及石油产品在内的一系列污染物质。

2）对于水温、水质以及水量所发生的变化，活性炭的适应能力较强。无论是高浓度，还是低浓度的活性炭，都能对存在同种有机污染物的污水产生良好的处理效果。

3）活性炭水处理装置简易，体积小，运转管理因其具有自动控制特征而更为简单。

4）对于某些重金属化合物来说，活性炭的吸附能力依然较强，包括镍、铅、汞、铬、锌、铁、钴等，因而，对于电镀废水、冶炼废水的处理来说，活性炭也有很好的效果。

5)经过再生后可重复使用的是饱和炭,避免了二次污染的出现。

(三)吸附操作及设备

在对水进行处理的过程中,水会呈现不同的状态,依据这种状态的变化,可以有静态吸附和动态吸附两种吸附操作。

1.静态吸附

在水处于静止状态下进行的吸附操作称为静态吸附,又可称静态间歇式吸附。静态吸附常用于小水量处理或试验研究。

具体实施操作的工艺流程为:常用的静态吸附设备为一个池子和桶或搅拌槽。往等待处理的水中投入一定数量的吸附剂,并进行不间断的搅拌,要达到吸附平衡,需要经过一段时间的搅拌操作,之后进行静置沉淀或过滤来达到固液分离的目的。而增加吸附剂的用量则可以弥补进行一次吸附时出水不符合标准的缺陷,吸附剂用量的增加可以将吸附时间延长,或者进行二次吸附,这样循环往复直到符合要求。

2.动态吸附

在水处于流动的状态下进行的吸附操作称为动态吸附,又称动态连续式吸附。常用的动态吸附设备有固定床、移动床。

一般的吸附处理系统在实际运用过程中都是采用动态连续式吸附工艺。吸附床中装填吸附剂,污水不间断地流经吸附床(柱、罐、塔),在水流出吸附床之前,吸附剂接触污水中的污染物并将其吸附,使得直接对水进行净化,水中的污染物浓度降至处理要求值以下。

(1)固定床。是水处理吸附工艺中最常用的一种方式,实际操作中,在吸附设备中固定填放好吸附剂,如图 5-2 所示。

当吸附床内不断有水流过时,水中的污染物就会受到吸附剂的吸附,吸附剂的数量越多,出水中的污染物浓度越低,甚至可降低到零。在水处理过程中,随着吸附环节的推进,吸附床不断在其上部增加饱和层的厚度,不断减少其下部新鲜吸附层的厚度,这会逐渐增加出水中的污染物浓度,而出水中的污染物浓度不能超过所要求的限定值,若达到该值,则进水就必须要停止,此后吸附剂再生程序将启动。

在同一设备内,可交替进行吸附和再生,或者卸出失效的吸附剂,将其放入专门的再生设备中。因在动态设备的操作过程中,固定性是吸附剂所具有的特征,因而叫固定床。

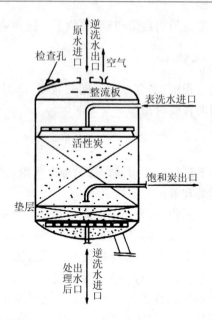

图 5-2　降流式固定床吸附塔构造示意图

（2）移动床。又称为脉冲床。指在操作过程中，当吸附剂接近饱和时，将其排出吸附设备，同时将等量的吸附剂加入进去。废水在移动床中，流过吸附层的过程是自下而上的，而自上而下地做间歇或连续移动的是吸附剂，如图 5-3 所示。

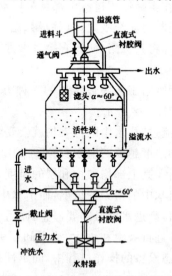

图 5-3　移动床吸附塔构造示意图

从吸附塔底部流入的原水和吸附剂进行逆流接触,由塔顶流出经过处理后的水,又从塔顶加入再生后的吸附剂,而当吸附剂接近吸附饱和状态时,则从塔底间歇性排出。与固定床相比,这种方式对于吸附剂的吸附容量能够加以充分利用,并且只产生较少的水头损失。对升流式过程的采用,避免了使用反冲洗设备,从塔底流入废水,从塔顶流出处理过的水,间歇地从塔底排出饱和的吸附剂及其携带着的悬浮物。但这种操作方式要求有较高的操作管理能力,要做到避免出现塔内吸附剂上下层互相混合的情况。

一般情况下,5～10m是移动床可达到的高度。移动床进水的悬浮物浓度应小于30mg/L。从移动床中一次卸出的炭量占总填充量的5%～20%,处理的水质与水量影响了卸炭和投炭的频率,从数小时到一周。卸料与投加等量的再生炭或新炭几乎同时进行。

移动床设备占地面积小,简单易操作,对污水的处理效果好,方便进行操作和管理,适用于规模较大的废水处理。

二、离子交换

(一)离子交换基本原理

离子交换法主要借助离子交换剂去除水中的有害离子,该方法的原理是离子交换剂中的离子和水中的离子进行交换反应。在处理工业废水的过程中,该方法对贵重金属离子的回收产生重要作用,同时也可以处理有机或放射性废水。从离子交换的本质上说,是一种特殊的吸附过程,通常认为是可逆性化学吸附反应,是不溶性离子化合物在离子交换剂上的可交换离子与溶液中的其他同性离子发生的交换反应。

离子交换反应依据交换离子带电的性质,分为阳离子交换和阴离子交换两种类型。如图5-4所示,当A^+离子型的阳离子交换剂(交换剂的可交换离子为A^+离子)与含有B^+离子的溶液接触时,在一定的条件下进行如下式的离子交换:

$$RA + B^+ \rightleftharpoons RB + A^+$$

该反应属可逆反应,可以根据需要来人工合成离子交换材料。由于其设备运转和管理较为简单方便,因此在处理低浓度废水过程中具有广泛的应用前景。

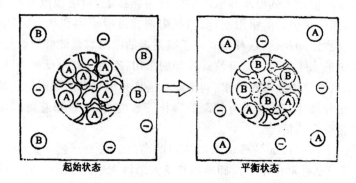

起始状态　　　　　　　平衡状态

图 5-4　离子交换反应平衡示意图

(二)离子交换剂

无机离子交换剂和有机离子交换剂是离子交换剂的两大种类。

有机类离子交换剂含有磺化煤和各种离子交换树脂。其中离子交换树脂在污水处理中应用较多。

无机类离子交换剂含有人工合成沸石(铝代硅酸盐)和天然沸石(如海绿石砂)。沸石既可作阳离子交换剂,也能用作吸附剂。

1.离子交换树脂的结构

组成离子交换树脂的是一种疏松的具有多孔结构的固体球形颗粒,是一类具有离子交换特性的有机高分子聚合电解质,其粒径一般为 $0.3\sim11.2mm$,不溶于电解质溶液和水,其组成部分包括具有活性的交换基团(也叫活性基团)和不溶性的树脂母体(也称骨架)。由交联剂和有机化合物共同组成的高分子共聚物为树脂母体。树脂母体在交联剂的作用下形成立体的网状结构。由与树脂母体联结的离子(称固定离子)和起交换作用的离子(称可交换离子)组成了交换基团。如 $RSO_3^- H^+$ 是交换基团,磺酸型阳离子交换树脂 $RSO_3^- H^+$ 中(R 表示树脂母体),H^+ 是可交换离子,如图 5-5 所示。

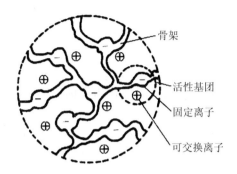

骨架

活性基团

固定离子

可交换离子

图 5-5　离子交换树脂结构示意

2.离子交换树脂的分类

划分离子交换树脂的种类有很多可行的办法。

划分为阴离子交换树脂和阳离子交换树脂的依据是离子交换的选择性对离子交换树脂的作用。酸性的活性基团在阳离子交换树脂内,展开与溶液中的阳离子之间的交换过程。如 RSO_3H,可以对酸性基团上的 H^+ 进行电离,而在发生离子交换时,其他阳离子与它是在做等物质的量的离子交换。碱性的活性基团在阴离子交换树脂内,展开与溶液中的阴离子之间的离子交换过程。如 $R-NH_2$ 活性基团水合后形成含有可离解的 OH^-。

并且等物质的量的交换也可以在 OH^- 和其他阴离子之间进行。

可用钠离子 Na^+ 代替阳离子交换树脂中的 H^+,可以用氯离子 Cl^- 代替阴离子交换树脂中的氢氧根离子 OH^-。因此氢型和钠型是阳离子交换树脂中所包含的两种类型,氢氧型和氯型是阴离子交换树脂中所包含的两种类型。

按照活性基团中酸碱的强弱程度,离子交换树脂可有 4 种分类:①一般为 SO_3H 的活性基团,其阳离子交换树脂属强酸性,因而又有磺酸型阳离子交换树脂之称;②一般为—COOH 的活性基团,其阳离子交换树脂属弱酸性,因而又有羧酸型阳离子交换树脂之称;③一般为—NOH 的活性基团,其阴离子交换树脂属强碱性,因而又有季铵型阴离子交换树脂之称;④一般有 NH_3OH、—NH_2OH、≡NHOH(未水化时分解为—NH_2、—NH、≡N)之分的活性基团,其阴离子交换树脂属弱碱性,故又分别称为伯胺型、仲胺型和叔胺型离子交换树脂。

可划分为大孔型和凝胶型离子交换树脂的依据是离子交换树脂颗粒内部的结构特点。凝胶型离子交换树脂是当前使用较为广泛的树脂类型。

（三）离子交换设备

有 3 种当前使用比较广泛的离子交换设备，它们分别是固定床、移动床和流动床。

在工作过程中，之所以被称为固定床，是因为这种离子交换器的床层是固定的，采用自上而下的水流运动方式。根据树脂层的组成，又有 3 种划分，分别是单层床、双层床和混合床。

单层床的使用既可以是串联的也可以单独的。单层床中仅装一种树脂。

而在同一个柱中装两种同性不同型的树脂的交换器是双层床，之所以分成两层则是不同比重所造成的。

混合床在使用时，是在一床中混合装入阴、阳两种树脂。

在固定床交换柱中部将 1.0～1.5m 厚的交换树脂装填进去，其上部和下部设有配水和集水装置，如图 5-6 所示。

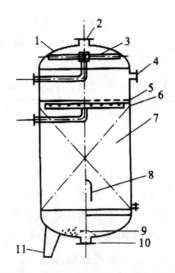

图 5-6　固定床离子交换器结构示意图

1—壳体；2—排气管；3—上布水装置；4—交换剂装卸口；5—压脂层；6—中排液管；
7—离子交换剂层；8—视镜；9—下布水装置；10—出水管；11—底脚

这种交换器在当前的应用率还是很高的，这得益于其易操作，设备占地面积小而紧凑以及净化效果好的特点；但是其也存在生产成本高和生产效率低等缺点。

再生柱和交换柱是移动床交换设备中的两个主要部分,在工作过程中,将失效的树脂定期从交换柱内排出,其再生是在再生柱内完成的,同时补充等量的新鲜的树脂参与工作。实际上,移动床是一种半连续式的交换设备,因为其在进行树脂补充的过程中会有短暂停水的现象出现,整个交换树脂在间断移动中完成交换和再生。

而交换树脂在装置内连续循环流动的交换设备是流动床,在流动中,失效的树脂要将交换能力进行恢复,就必须经过清洗和再生设备,同时为了实现不间断制水,必须对交换柱的出水端进行连续定量补充。

相比较固定床,移动床和流动床具有很大优点,它们的交换速度快,而且生产效率和能力比较高。但在一定程度上其缺点也对其应用范围进行了限制,比如操作起来烦琐,对设备的管理能力要求高,而且很难适应水质水量的变化,以及产生很严重的树脂磨损。

第二节　膜分离

一、膜分离的概念与特点

(一)膜分离的概念

通常分离介质是选用一张具有选择透过性能的,并经过特殊制造的薄膜(分离膜),将某种推动力施加在膜的两侧,为达到提纯和分离目的,而使原料侧组分选择性地透过膜的方法,就是膜分离法。无论是气相还是液相,膜分离均可适用。

(二)膜分离的特点

膜分离技术相较于传统的分离技术(如蒸馏、吸附、吸收、萃取等),具有以下特点:

（1）一般在进行膜分离时，是不发生相变的，有较高的能量转化率，并且节约能耗。

（2）一般不需要在膜分离过程中将其他化学物质投加进去，这样就降低了运行成本，节省了化学药品和原材料。

（3）通常在常温下进行膜分离，因而对热敏性物料（如果汁、酶、药物等）的分离、分级和浓缩有特别好的效果。

（4）由于选择的膜具有不同的透过性和膜孔径大小，以此为依据，可分开不同粒径的物质，这就实现了在不改变物质原有属性的条件下使其得到纯化。

（5）无论是有机物还是无机物，膜分离技术均可适用，其分离范围从病毒、细菌到微粒，可以说是非常广泛，对于分离一些特殊溶液体系也表现出特别好的效果，如分离溶液中的无机盐和大分子，分离一些共沸物或近沸点物系等，但无法对后者常规的蒸馏进行分离。

（6）在很大范围内，膜分离过程的处理能力和规模可发生变化，而变化很小的是它的设备单价、效率、运行费用等。

（7）对装置的操作和管理比较容易，日常维护也相对简单，有很强的适应性，很高的分离效率，易于实出自动化控制。

二、电渗析

（一）电渗析基本原理

电渗析是指受到直流电场的影响，依靠对水中离子有选择透过性的离子交换膜，使离子从一种溶液有选择性地透过离子交换膜进入另一种溶液，以达到分离、提纯、浓缩、回收的目的。

以 NaCl 的水溶液为例的电渗析的分离原理示意如图 5-7 所示。阳膜（即阳离子交换膜，只允许阳离子通过）与阴膜（即阴离子交换膜，只允许阴离子通过）在阳电极和阴电极之间交替排列，浓度相同的 NaCl 水溶液充满了相邻的阳膜与阴膜之间形成的隔室。在水溶液中接通直流电后，定向迁移就发生在水溶液中的离子上，向阴极迁移的是带正电荷的 Na^+，向阳极迁移的是带负电荷的 Cl^-。2、4、6 隔室中的离子受到离子交换膜的选择透过性的作用，其透过膜迁移到 1、3、5 隔室中。结果，离子数量增多，水溶液浓度增加的是 1、3、5 隔室；离子数量减少，含盐水被淡化的是 2、4、6 隔室。

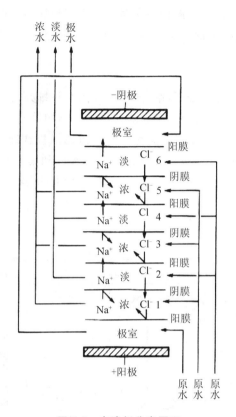

图 5-7 电渗析分离原理

极室是由膜和电极组成的隔室。极室中发生的电化学反应与普通的电极反应相同。

阳极室内有氧化反应的发生,并有氧气和氯气的产生,其中阳极被腐蚀的可能性比较大,因为阳极水(即阳极室的出水)是呈酸性的。阴极室内有还原反应的发生,并有氢气的产生,阴极上容易产生水垢,这是因为阴极水(即阴极室的出水)呈碱性。

显然,电渗析淡化与浓缩过程的关键是离子交换膜的选择透过性。而主要由膜的结构来决定离子交换膜的选择透过性。

(二)电渗析装置

电渗析器本体及辅助设备是电渗析装置重要的组成部分。其中的电渗析器是主要设备,电渗析器就是以电渗析原理对废水进行脱盐和处理的装置。膜堆、极区和压紧装置是构成电渗析器本体结构的 3 大重要部分。

1. 膜堆

阴、阳离子交换膜交替排列,浓、淡室隔板的交替排列共同组成了膜堆。阳膜、隔板、阴膜构成了其结构单元,一个膜对就是一个结构单元。许多膜对组成了一台电渗析器,而膜堆就是这些膜对的总称。硬聚氯乙烯板选取 1~2mm 的来进行隔板的制作,板上开有流水道、布水槽、配水孔、集水槽和集水孔。在阴、阳膜之间放置隔板,这样不仅阴、阳膜获得了支撑,也发挥了隔板分隔的作用,形成水流通道,隔室也呈现出浓、淡之分,如图 5-8 所示。

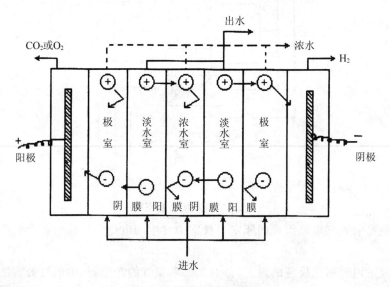

图 5-8　电渗析器示意图

其中淡室内的离子明显减少,淡水流出;浓室内的离子增多,浓水流出;极室是与电极板接触的隔室,极水流出,应该分别对这些具有不同性质的水进行收贮。

2. 极区

电渗析器所需要的直流电流主要是极区所提供的,膜堆的配水孔主要接收原水,而电渗析器将排出淡水和浓水,并将极水通入和排出。电极、托板、板框和弹性垫板是极区的组成部分。

3.压紧装置

其作用是将膜堆和极区组成不漏水的电渗析器整体。螺栓和压板可以发挥拉紧的作用,液压压紧也是可以采用的方法。

三、反渗透

(一)反渗透原理

如果用半透膜隔开盐水(溶质和溶剂)和淡水(溶剂),如图 5-9 所示,会产生渗透现象,表现为淡水会自然地透过半透膜至盐水一侧。当渗透进行到盐水一侧的液面达到某一高度而产生压头,从而对淡水进一步向盐水一侧渗透产生了抑制作用,这一压头就是渗透压。而反渗透的现象则是指如果在盐水一侧加上大于渗透压的压力,盐水中的水分就会从盐水一侧渗透至淡水一侧(盐水一侧浓度增大、浓缩)。

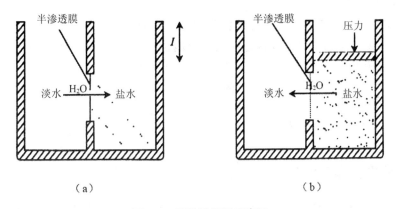

(a)　　　　　　　　　　　(b)

图 5-9　反渗透原理示意图

因此反渗透过程必须具备操作压力必须高于溶液的渗透压、一种高选择性和高渗透性(一般指透水性)的选择性半透膜两个要素。

(二)反渗透膜

反渗透膜种类很多,其命名采用膜形式、膜材料或其他方式。其性能也很丰

富,具体内容如下:

(1)单位面积上透水量大,脱盐率很高。

(2)良好的化学稳定性,酸、碱腐蚀和微生物无法对其造成侵蚀。

(3)有很好的机械强度,多孔支撑层的压实作用小。

(4)有充足的原料,制膜难度小,价格便宜。

(5)结构均匀,使用寿命长,性能衰减慢。

当前有两种膜在水处理中是常用的:醋酸纤维素膜(CA 膜)和芳香聚酰胺膜。

CA 膜属于非对称性膜,有一定韧性,其密度在厚度方向上是不均匀的,醋酸纤维素是 CA 膜的主体材料,外观为乳白色或淡黄色的含水凝胶膜。对去除有机和无机电解质来说,CA 膜的效率可达 $90\% \sim 99\%$。pH 值、温度、进液流速和工作时间、工作压力等是影响 CA 膜工作性能的重要因素。透水量随着进水温度增高而增加,水温在 $15 \sim 30℃$ 工作温度范围内,水温每提升 $1℃$,透水量增加约 3.5%,但是水温提高会造成 CA 膜的水解,并且水解速度会随着水温的增长而加快。此外,pH 也会对水解速度产生影响,水解速度最慢的是在 pH 值为 $4.5 \sim 5.0$ 的条件下,因而一般以 $20 \sim 30℃$ 为最适宜的供水温度,范围为 $3 \sim 7$ 的 pH 条件下,最好在酸性环境下进行工作。

芳香聚酰胺作为一种非对称结构的膜,是芳香聚酰胺膜的主要成膜材料。透水性能好,脱盐率高是这种反渗透膜所具有的优点,并且这是一种寿命非常长的材料,因为其所需的工作压力比较低($2.74MPa$ 即可),有很好的化学稳定性和机械强度,耐压实,能在 pH 值为 $4 \sim 11$ 的范围内使用。

(三)反渗透装置

1.板框式反渗透装置

从构造上来看,板框式反渗透装置与压滤机是非常类似的(如图 5-10 所示)。由一块一块的干圆板重叠起来组成。圆板外环有密封圈支撑,增加内部容器的压力,每块板都有高压水串流过。

多孔性材料位于圆板的中间部分,一方面可以引出经过分离的水,另一方面又可以作为支撑。反渗透膜装在每块板的两面,用胶黏剂和圆板外环对膜周边进行密封。进水和出水管分别安装在板式装置上下位置,这样可以使进水和排水更加方便和顺利,压紧整个装置的方法是在板周边使用螺栓。

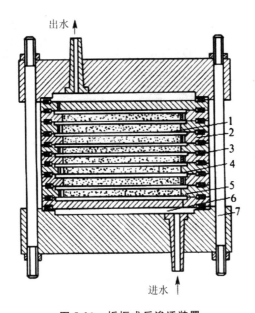

图 5-10　板框式反渗透装置

1—膜;2—水引出孔;3—橡胶密封圈;4—多孔性板;5—处理水通道;

6—膜间流水道;7—双头螺栓

　　板式反渗透装置具有相对简单的结构,与管式装置比起来体型小,但其也有装卸复杂,单位体积膜的表面积小等缺点。

2.管式反渗透装置

　　管状膜是这种装置常常使用的,在小直径(10～20mm)耐压多孔管的内侧将膜放置好,将纤维网或塑料网衬于膜与管之间。在形式上,可以将管式装置分为管束式、内压管式、单管式和外压管式等,如图 5-11 所示。水力条件好,换膜容易,维修和安装起来也很简单,在高压环境下也能保证工作质量,对于高黏度的原水也能进行良好的处理,这些都是管式装置的特点。但其也有缺点,比如较高的建造费用、膜的有效面积较小。

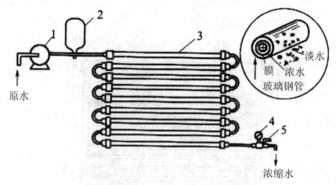

图 5-11　管式反渗透装置

1—高压水泵；2—缓冲器；3—管式组件；4—压力表；5—阀门

3.螺旋卷式反渗透装置

平板膜是构成该装置的主要材料，数量很多的多孔支撑材料夹衬于两层渗透膜中间，通过密封膜的三边使其形成膜袋，将另一个开放的边密封连接到一根接收淡水的穿孔管上，把一层细网作为间隔层垫在膜袋外，紧密卷绕而成一个组件，如图 5-12 所示。螺旋卷式反渗透装置的制作在耐压筒内放入一个或多个组件。工作时，原水及浓缩液沿着与中心管平行方向在膜袋外细网间隔层中流动，由筒的一端引出浓缩液，渗透水则沿两层膜的垫层（多孔支撑材料）流动，最后由中心集水管引出。

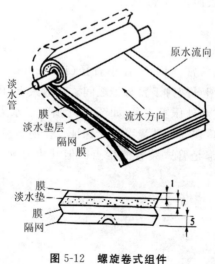

图 5-12　螺旋卷式组件

螺旋卷式装置具有很多优点:规模结构小,占地面积小;单位容积的膜表面积较大,因而就有较大的透水量;便于操作。但也有一定的缺点:由于原水只有很短的流程,因而会造成很大的压力损失,并且在沾上污垢后,很难将膜处理干净,对于液体中含有的悬浮物不能做到很好的处理。

4.中空纤维式反渗透装置

中空纤维膜由制膜液空心纺丝制成,是一种细如头发的空心管。将数十万根中空纤维膜捆成膜束,弯成 U 形装入耐压圆筒容器中,在环氧树脂管板上将纤维膜开口端固定住,这就是反渗透器的组成原理,如图 5-13 所示。原水的通入是在高压情况下经过纤维膜外侧实现的,而此时由纤维管中引出净化水。

这种装置较易制造和安装,单位体积的膜表面积很大,即使在低压状态下也能正常工作,膜的压实现象减缓,膜寿命长。但从制作技术层面上看,该装置还是存在复杂烦琐的问题,遇到堵塞的情况也不便清洗,不能用于处理液体中含有悬浮物的液体。

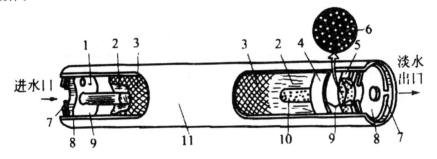

图 5-13　中空纤维膜组件

1—浓水排除口;2—中空纤维束;3—导流网;4—环氧树脂管柱;5—多孔支撑圆盘;

6—纤维束开口端;7—弹性挡圈;8—端板;9—"0"形密封圈;

10—多孔进水分布管;11—壳体

由于以上提到的几种类型的反渗透装置在结构上各有不同,因而应根据其特点和处理范围是否合适来选用。

(四)反渗透工艺

有 3 种反渗透处理的工艺流程形式,即一级一段循环式工艺、一级一段连续式工艺及多级串联连续式工艺。设计时对于适宜工艺的选择,可以参考选用组件的技术特性、被处理废水的水质特征以及处理要求等。有关的设计手册也对具体的工艺设计进行了解释,下面只对废水的预处理及反渗透膜的清洗进行简单介绍。

1.预处理工艺

将水中过量的悬浮物除去,对进水的水温和 pH 值进行控制和调节,以及对一些乳化和未乳化的油类与溶解性有机物进行清理,是预处理工艺的主要内容。

通常可联合使用混凝沉淀和过滤这两种方法除去悬浮物。

可采取加酸或加碱的方法调节不同反渗透膜的 pH 值适用范围,这样就避免了膜表面因 pH 值异常而产生水垢。磷酸钙和碳酸钙在 pH 值为 5 时,就不会沉积在膜的表面。用石灰软化或离子交换法可以去除废水中含量过高的钙。水温过高时则应采取降温措施。

2.反渗透膜的清洗

在使用一段时间后,污垢总会在膜表面形成,对处理效果产生影响,因此需要对膜进行定期清洗。用低压高速水冲洗膜面 30min 是最简单的方法,另一种清洗方法是用空气与水混合的高速气-液流喷射。

而化学法清洗则是应对那些污垢较厚,较为密实的膜面清洗状况。该方法需要在清洗时加入各种化学清洗剂。如用柠檬酸(pH＝4)或盐酸(pH＝2)的水溶液在水温 35℃ 的条件下清洗 30min,可以达到很好的去除效果,包括一些金属氧化物或不溶性盐形成的污垢。

清洗液清洗完成后,再用清水反复冲洗,膜面就可以投入正常运行。

第三节　浮选与萃取

一、浮选

(一)浮选基本原理

浮选处理法就是将空气通入废水中,并以微小气泡形式从水中析出成为载体,使水中的乳化油、细微悬浮颗粒等污染物质黏附在气泡上,气泡携带着污染物质一起浮上水面,其混合了 3 种物质,主要为水、泡沫-气以及颗粒(油),分离杂质、净化废水的目的是通过对浮渣或泡沫的收集来实现的。对于那些在废水中乳化油或相对密度接近于 1 的微小悬浮颗粒,是难以通过自然沉降或上浮去除的,这时候需要选用浮选法。

以下为浮选法的特点:

(1)12m³/(m²·h)是浮选池表面负荷可达到的数值,在浮选池中,在 10～20min 的时间内水可以进行停留,其占地面积不大,因为池深也仅为 2m 左右,这样基建费用就得到了节省。

(2)预曝气作用是浮选池所具有的重要特征,出水和浮渣都含有一定量的氧气,有利于后续处理或再用,避免泥渣腐化。

(3)浮选法处理低浊度含藻水的效率较高,出水水质好。

(4)一般情况下浮渣含水率在 96％以下。

(5)对于有用物质可以进行回收。但浮选法对电的消耗是比较高的,而较大的风雨袭击对浮渣是有很大影响的,当前使用的比较容易造成堵塞的是容器减压释放器。

微小气泡的产生、微小气泡与固体或液体颗粒的黏附以及上浮分离等是浮选过程所包含的主要步骤。细微气泡在气浮过程中,首先黏附于水中的悬浮粒子,这样"气泡-颗粒"复合体就形成了,水的密度要比其整体密度大,因而气泡便能携带悬浮粒子升上水面。由此可见,以下 3 个基本条件是实现气浮分离必须具备的:第一,水中所产生的细微气泡必须有足够的数量;第二,待分离的污染物必须形成不溶性的液态或固态悬浮体;第三,悬浮粒子必须能够与气泡相互黏附。

有 3 种方式可以产生微小气泡,分别是溶解空气再释放、分散空气以及电解。

浮选最基本的条件是水中悬浮物的疏水性。疏水性物质是指那些难以被水润湿的物质。疏水性颗粒在一般情况下与气泡黏附是比较容易的,而亲水性颗粒就很难做到。若用浮选法分离细分散的亲水性颗粒,则必须将其表面特性用浮选剂改变成疏水性,使其同气泡一起浮上水面。有时还需将一定量的表面活性剂投加进去,发挥起泡剂的作用,使微小气泡在水中形成并趋于稳定,产生的气泡越小,总表面积越大,增大水中悬浮物被吸附的概率,有利于提高浮选效果。

(二)浮选剂

将各种化学药剂投加到废水中,可以使废水中悬浮颗粒的可浮性增加,并使浮选效果提高,而浮选剂就是所投加的化学药剂。

1. 捕收剂

废水中的污染物质是多种多样的,其中很多颗粒表面亲水、浮选困难,若要使可浮性提高,就要投加能够与颗粒表面产生相互作用的药剂。捕收剂就是这种能够使颗粒可浮性提高的药剂。大多数浮选剂的组成成分都是极性-非极性分子。典型的例子有硬脂酸 $C_{17}H_{35}COOH$,它的—$COOH$ 是亲水性基团,—$C_{17}H_{35}$ 是疏水性基团。亲水性基团能够有选择性地在悬浮颗粒的表面黏附,而疏水性基团朝外,这样,亲水性的颗粒表面就向疏水性的表面发生转化,进而与空气泡相黏附。要使颗粒表面的湿润性得到降低,增加悬浮颗粒的可浮性指标,就需要硬脂酸发挥功能。

2. 起泡剂

大量的气-液界面,即大量气泡,促使浮选过程中大量悬浮颗粒或絮体能够浮起来。降低液体表面的自由能,产生大量均匀并微细的气泡,增加气泡的稳定性,避免气泡之间相互兼并的情况发生,这就是起泡制的作用机理。起泡剂在一定程度上能够使颗粒在气泡上的附着速度加快,原因是起泡制与捕收剂分子间的共吸附和相互作用。大多数起泡剂都是表面活性剂,其含有疏水性和亲水性基团。

在此必须指出的是不可过多使用起泡剂,对浮选不利。这是因为虽然起泡剂能够降低气-液界面自由能,但也同时将可浮性指标降低了。

3. 调整剂

为了能够使浮选过程的选择性提高,加强捕收剂的作用并改善浮选条件,在浮选过程中常使用调整剂。

(1)抑制剂。复杂多样的物质存在于废水中,这其中并不都是值得回收的物质或都是有毒物质。所以,为了将几种值得回收或有毒的物质优先从废水中浮选出来,则需要对其他物质进行可浮性上的抑制。抑制剂就是一种能够对物质的可浮性进行降低的药剂。其可以不影响需要去除的悬浮颗粒的上浮,却能对某些物质的浮选性能进行暂时或永久性的抑制,如硫化钠、石灰等。

(2)活化剂。要实现悬浮物所要达到的排放标准,有时需使原来的抑制作用消失,从而进一步将这些被抑制的物质去除,这就需要在浮选顺利进行的基础上投加一种药剂,也就是活化剂,其能够发挥消除抑制作用。

(3)介质调整剂。对废水的 pH 能够起到调整作用的是介质调整剂,其能够使气泡在水中的分散度和悬浮颗粒与气泡的黏附能力得到提高和改善,如各种酸、碱等。

浮选剂在分类和作用上是相对的,在不同的条件下,某种药剂的属性也不同,如在浮选有色金属硫化矿时,硫化钠(Na_2S)是抑制剂,而在浮选有色金属硫化矿时是活化剂,但有时因用量多又会发挥抑制剂的作用。

(三)浮选工艺

采用浮选法进行废水处理,按水中气泡产生的方法不同可以分成溶气浮选、电解浮选和布气浮选 3 类。

1.溶气浮选法

使空气在一定压力的作用下,在水中溶解的方法就是溶气浮选法,这种方法可以使水处于过饱和状态,随后突然降低废水压力至常压状态,这样从水中逸出的就是已经变成微小气泡的原先溶解于水中的空气,这也是一种可行的浮选方法。由于从水中析出的气泡面临的是不同的压力环境,据此,又可将溶气浮选划分为溶气真空浮选和加压溶气浮选两种类型。前者,在常压或加压条件下空气溶于水中,而其析出是在负压条件下;后者,在加压条件下空气溶于水中,而其析出是在常压条件下。

2.电解浮选法

电解浮选法是在废水中浸泡正负相间的多组电极,通过直流电对废水进行电解,大量氢气与微小气泡产生在阴极周围,这些气泡的直径在 $20\sim100\mu m$ 范围之间。

电解浮选法产生的气泡小于其他方法产生的气泡,故特别适用于脆弱絮状悬浮物。通常情况下,电解浮选法的表面负荷要比 $4m^3/(m^2 \cdot h)$ 低。对于处理工业废水,该法可以对约 $10\sim20m^3/h$ 的废水进行处理,因而电解浮选法可以发挥很大作用。但这种方法很难在大型生产中运用,因为其对电的消耗是很高的,并且存在电极易结垢,管理操作较为复杂等问题。

3.布气浮选法

利用机械剪切力,将混合于水中的空气粉碎成细小的气泡以进行浮选的方法就是布气浮选法。由于对气泡进行粉碎的方法不同,可以分为 4 种类型:射流浮选、扩散板浮选、水泵吸水管吸气浮选以及叶轮浮选。

布气浮选法之所以比较容易实现,是因为其设备操作和管理起来较为简单,但粉碎空气的效果不理想、不充分,气泡的力度一般大于 $1000\mu m$,属于较大的气泡,这样在供气量不变的环境下,气泡就有比较小的表面积而且由于气泡直径大,运动速度快,气泡与被去除的污染物质的接触时间短,因而布气浮选的去除效果并不是很好。

二、萃取

(一)萃取的基本原理

实际上,萃取过程因为溶质的溶解度在水中和溶剂中是不同的,所以利用溶质的实际浓度与平衡浓度之差这个推动力从水中将溶质转移到溶剂中。经过大量试验得出,在传质过程达到平衡状态时,溶质在溶剂中的浓度与在水中的浓度构成了一定的比例关系,即

$$\frac{C_溶}{C_水} = K$$

式中　$C_溶$——溶质在溶剂中的平衡浓度,kg/m^3;

　　　$C_水$——溶质在水中的平衡浓度,kg/m^3;

　　　K——分配系数。

这里需要注意的是,上式只是在一定温度下的稀溶液中,且溶质在两相中的分子是同样大小时,即不离解或不络合的条件下才成立,否则,$C_溶$ 和 $C_水$ 坐标轴上不是直线关系,而是曲线关系,即

$$\frac{C_溶}{C_水^n} = K'$$

式中　n 和 K'——试验系数。

由于多样性是工业废水水质的主要特性,并且能够对其产生干扰的因素有很多,因此通常来说平衡浓度关系式是呈曲线形式的。

(二)萃取剂及其再生

1.萃取剂的选择

选择何种萃取剂是萃取操作中的重要因素之一。它可以从产量和组成上对萃取产物产生影响,还可以直接对萃取物质的分离效果产生影响。下列要求是萃取剂应该尽量满足的:①分离性能好,萃取过程不乳化、不随水流失,要求萃取剂黏度小,与污水的密度差大,表面张力适中;②有很好的选择性,也就是分配系数较大;③凝固点较低,很小的黏度,较高的着火点,蒸气压小,毒性小,其使用和贮存可以在室温条件下实现;④化学稳定性好,腐蚀性小;⑤价格低廉,来源较广,回收和再生较为容易。

2.常用的萃取剂

萃取法在国内应用于含酚污水的预处理及酚的回收是非常广泛的。选择何种

萃取剂是使用这种方法的重要因素之一。有比较多的萃取剂是用于脱酚的,如粗苯、N-503、洗涤油、煤油、重苯、N-503 及煤油混合液等在内的萃取剂是比较常用的。这些萃取剂的优点是:较大的分配系数,较高的脱酚效率,不利于乳化等。其中有一种高效脱酚萃取剂就是 N-503(N,N-二甲基庚基乙酰胺),相比较于其他脱酚萃取剂,具有无二次污染、不易乳化、物理化学性能稳定、脱酚效率高、水溶性小、易于酚类回收及溶剂再生等优点。N-503 属取代酰胺类化合物,其状态表现为淡黄色的油状液体,其已经在国内进行了工业化生产。

3.萃取剂的再生

在对萃取相进行分离的操作中,可对溶质和溶剂进行同时回收,具有重大的经济意义。究其原因,萃取过程往往对萃取剂有很大的需求,甚至有时等同于污水量,如果无法对其进行回用与再生,其处理污水的经济合理性则有可能完全丧失。另外,溶质在萃取相中的量也是很庞大的,如果回收不及时,则会有二次污染和浪费的现象产生。

有两类方法可以使萃取剂获得再生。

(1)物理法(蒸馏或蒸发)。当萃取相中各组分沸点相差较大时,最宜采用蒸馏法分离。比较典型的如,对污水中的单酚采用乙酸丁酯进行萃取,溶剂沸点为116℃,而181～202.5℃是单酚的沸点,两者之间有较大差距,这种情况下的分离可以采用蒸馏法。又因为分离的目的不同,于是又有精馏和简单蒸馏的区分,产生很好效果的设备是浮阀塔。

(2)化学法。投加某种化学药剂使其与溶质形成不溶于溶剂的盐类。典型的如用碱液反萃取萃取相中的酚,形成酚钠盐结晶析出,从而达到两者分离的目的。离心萃取机和板式塔是化学再生法主要使用的设备。

（三）萃取设备

有多种形式的萃取设备,大致分为 3 大类:塔式(萃取塔)、罐式(萃取器)和离心机式(离心萃取机),其中应用较为广泛的设备是塔式。但使萃取两相的混合与分离过程顺利完成,是任何萃取设备都应做到的。通常间歇操作是萃取器的主要特性,4 个步骤包括装料、搅拌、静澄和出料等,就是一个完整的循环。连续操作是萃取塔和离心萃取机所具有的特征。

萃取器外表为一种圆筒形容器,其自身具有搅拌设备。开动搅拌设备促使混合发生,在静澄分离时需要将搅拌设备关闭,可以人工调节搅拌和静澄的时间,其长短需要根据分离情况而定。不论是多级萃取还是单级萃取,它的作用均可发挥出来。在多级萃取时运用,可以串联多个萃取器,在单级萃取时运用,可以并联多个萃取器。在进行固-液萃取时广泛应用这种设备。

重液和轻液在萃取塔内,分别是从顶部流入、底部流出和底部流入、顶部流出。在塔身中轻、重两液相充分温和、充分接触,最终促使萃取完成。断面和空间在塔顶是非常充分的,分离出了轻液流中的重液相,就得到了比较纯净的从顶部流出的轻液。塔底的重液也使用相同的原理。

1. 筛板萃取塔

筛板萃取塔中较为典型的一种如图 5-14 所示。筛板将塔身分隔成若干段,导流管安装在筛板上,塔的上半部导流管向上安装于各筛板上,塔的下半部相反。在塔的上半部,重液和轻液分别为分散相和连续相,而在塔的下半部,重液和轻液与上半部相反。通过导流管,连续相从一段流向另一段,而通过筛板的孔眼,分散相从一段流向另一段。当分散相透过连续相时萃取完成。

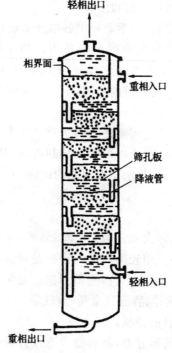

图 5-14　筛板萃取塔

筛板上的孔眼尺寸和筛板之间的距离与萃取效率有关。通常,在 1.6～9.6mm 之间的孔径,筛板间距离为 150～600mm,每块筛板上孔眼的总面积约占筛板面积的 10%。

2.脉动筛板萃取塔

也可采用"搅拌"式萃取塔,有多种方式,脉动筛板萃取塔如图 5-15 所示,其筛板是上下脉动的。导流管常常不设置,因为其作用在这时发挥不大。萃取效率受筛板脉动频率和幅度的影响,由经验决定其值。例如,选取重苯对含酚废水进行萃取时,一般脉动频率低于 400 次/min,在 250～350 次/min 范围内,筛板间距为100～600mm,脉动幅度为 1～8min。

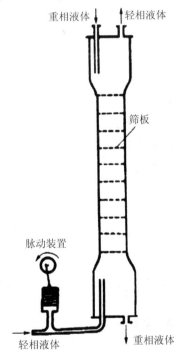

图 5-15　脉动筛板萃取塔

3.转盘萃取塔

转盘萃取塔同样具有搅拌功能,如图 5-16 所示。由若干环形隔板将塔身分隔成若干段,每段中央有一块圆盘,其安装在一根中心竖轴上,由电动机带动竖轴发生回转,重液和轻液的入流方向与圆盘旋转方向一致,在塔上部的重液入流管和在塔下部的轻液入流管都同塔身相切。一相在圆盘的转动作用下分散,转速影响着液滴的大小和萃取效率。要获得最佳的萃取条件,则需要对圆盘的转速进行调节。分离室分别是塔底和塔顶,分隔入流区均用环形隔板和网格,这样就消除了液流的动能,使得圆盘转动不对分离室构成影响。

4. 填料萃取塔

如图 5-17 所示,在塔内填充材料。在操作时,重液和轻液在流入萃取塔之后,在整个塔的断面上,通过布流装置进行均匀分布,其萃取过程的完成是在流过填料时相互充分接触而实现的。为避免液流集中于塔壁,常设若干环形隔板于塔壁上。

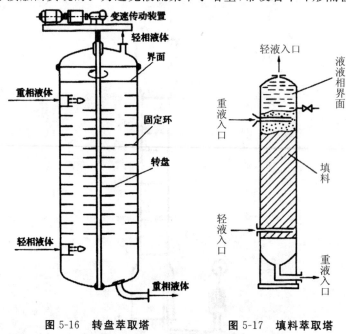

图 5-16　转盘萃取塔　　　　　图 5-17　填料萃取塔

(四)萃取工艺

所示为萃取工艺的 3 个工序过程如图 5-18 所示。

混合——让萃取剂充分接触废水,使得废水中的溶剂向萃取剂转移。

分离——使萃取剂与萃余相分层分离。

回收——将溶质和萃取剂分别从两相中回收。

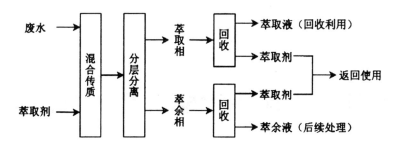

图 5-18　萃取工艺过程示意图

　　萃取的划分依据为萃取剂与废水在接触方式上的不同,因而有两种主要类型,分别是连续式和间歇式。两相具有不同的接触次数,而萃取流程可以据此划分为单级萃取和多级萃取两种,而多级萃取的方式又有两种:"逆流"与"错流"。其中多级逆流萃取流程是应用最广泛的。

　　串联起多次萃取操作,让萃取剂与废水的逆流操作顺利实现,这就是多级逆流萃取过程。废水和萃取剂在萃取过程中,它们的加入顺序分别是第一级和最后一级,通过逆向流动,与传质进行逐级接触,最终萃取相和萃余相分别由进水端排出和从萃取剂加入端排出。

　　新鲜的萃取剂是多级逆流萃取只在最后一级所使用的,剩下的每一级都要接触后一级萃取后的萃取剂,这样萃取剂的萃取能力就能够得到充分利用。

第六章 水污染控制的生物处理技术

水污染的生物处理是利用微生物的新陈代谢作用,对废水中的污染物进行转化和稳定,使之无害化的处理方法。微生物是对污染物进行转化和稳定的主体。微生物的种类众多,并具有对环境适应性强、来源广、易培养、易变异、繁殖快等特性,因此,在使用中可以比较容易地采集菌种进行培养增殖,并在一定的条件下进行驯化,使之能够在有毒的工业废水中生存,从而通过微生物的新陈代谢使有机物无机化、有毒物质无害化。本章主要对活性污泥法、生物膜法、厌氧生物处理进行探讨。

第一节 活性污泥法

一、活性污泥法的基本原理

(一)活性污泥

好氧微生物只能在有氧的环境中生存,其生长繁殖并凝聚在一起会形成菌胶团。在菌胶团上并非只有好氧微生物,还共生着其他微生物(原生动物等),并吸附和交织着无生命的固体杂质而形成活性污泥。好氧活性污泥是褐色的,有轻微的土腥味,并且絮凝吸附性能良好。细菌在活性污泥的微观生态系统中占主导地位。细菌等微生物的新陈代谢作用以及菌胶团的吸附絮凝作用可以去除污水中的污染物(有机物等)。

（二）活性污泥法基本流程

活性污泥法基本工艺设施包括初次沉淀池、曝气池、二次沉淀池、污泥回流系统、曝气系统以及剩余污泥排放系统，具体形式如图 6-1 所示。

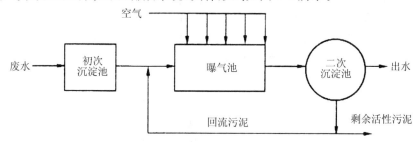

图 6-1 活性污泥法基本工艺流程

整个生物处理过程的反应主体是曝气池，在废水处理的过程中，其中的有机污染物大多是在曝气池中被去除的；曝气系统可以为微生物的好氧代谢提供足够的溶解氧，并使曝气池中的活性污泥以悬浮状态和废水充分接触反应；设置二次沉淀池（二次沉淀池）主要是为了沉淀分离曝气池中的泥水混合液，以此使出水水质有所保障，污泥回流系统可以将大部分沉淀下来的污泥再输送回曝气池，这样就可以保证曝气池中的微生物量；曝气池中的生化反应会使微生物增殖，增殖的微生物通过剩余污泥排放系统排除。

活性污泥系统有效而稳定运行的条件如下：

（1）废水中含有的可溶性易降解有机物充足。

（2）混合液含有的溶解氧充足。

（3）活性污泥在池内需呈现悬浮状态。

（4）活性污泥连续回流、及时排除剩余污泥，使混合液保持一定深度的活性污泥。

（5）没有有毒有害的物质流入。

（三）活性污泥的评价指标

1.表示活性污泥微生物量的指标

污水生物处理系统的核心即活性污泥微生物，污水处理水质的提高需要一定数量的活性污泥微生物。悬浮固体浓度（MLSS）和混合液挥发性悬浮固体浓度

(MLVSS)是表征混合液活性污泥微生物量的指标。

混合液悬浮固体浓度(Mixed Liquor Suspended Solids,MLSS)也称为污泥浓度,是指曝气池中单位体积混合液中活性污泥悬浮固体的质量,其包括 M_a(活性污泥微生物)、M_e(活性污染代谢产物)、M_i(活性污染吸附的难降解惰性有机物)及 M_{ii}(活性污染吸附的无机物)四者在内的总量。而混合液挥发性悬浮固体浓度(Mixed Liquor Volatile Suspended Solids,MLVSS)则指的是混合液悬浮固体中有机物的质量,其不包括污泥中无机物质,只包括 M_a、M_e 及 M_i 三者。

从理论上来讲,将具有活性的微生物的浓度作为活性污泥浓度是更为准确的,但活性微生物的浓度并不容易测定,这就无法使工程应用要求得到满足。MLSS测定比较简便,工程上常以此来评价活性污泥量,MLVSS代表混合液悬浮固体中有机物的含量,其相较于MLSS,与活性微生物的浓度更接近,也更容易测定。并且,对于某一特定的污水处理系统而言,MLVSS/MLSS的比值通常是相对稳定的,因此,可以用 MLVSS/MLSS 来表征活性污泥微生物数量,一般情况下,生活污水处理厂曝气池混合液的 MLVSS/MLSS 约为 0.75。

2.污泥沉降比和污泥容积指数

为了使沉淀池中泥水分离的效果更好,并提高二沉池回流污泥浓度,在设计二沉池的时候一定要对混合液污泥的沉降或浓缩特性进行考虑。污泥沉降比和污泥容积指数即为表征活性污泥沉降性能的指标。

污泥沉降比(Settled Volume,SV%)即曝气池混合液静止 30min 之后沉淀污泥的体积分数。一般情况下,活性污泥在静沉 30min 后就会接近其最大密度,因此,这一指标可以反映污泥的沉降性能。影响污泥沉降比的因素包括污泥浓度、所处理污水性质、污泥絮体颗粒大小以及污泥絮体性状等。在正常情况下,曝气池混合液污泥浓度约为 3000mg/L 的时候,其污泥沉降比(SV)约为 30%。

污泥容积指数(Sludge Volume Index,SVI)即曝气池混合液沉淀 30min 后,每单位质量干污泥形成的沉淀污泥所占的体积(常用单位:mL/g)。计算公式:

$$SVI = \frac{SV(mL/L)}{MLSS(g/L)}$$

可以通过 SVI 值对污泥沉降浓缩性能进行判断,SVI 高时,沉降性能不好,即使有良好的吸附性能,也不能很好地控制泥水分离,通常认为,SVI 值在 100~150 范围内时,污泥沉降性能良好;当 SVI 值超过 200 时,污泥沉降性能差;SVI 值过低的时候,污泥絮体细小紧密,含有较多的无机物,污泥活性差。

（四）活性污泥净化废水的实际过程

在活性污泥处理系统之中，从废水中去除有机污染物其实就是活性污泥微生物将有机底物作为营养物质加以摄取、代谢与利用的过程，该过程净化了污水，为微生物合成新的细胞提供了能量，并使活性污泥得到了增长。通常将整个净化过程分为：初期吸附阶段、微生物代谢阶段与活性污泥的凝聚、沉淀阶段（如图6-2所示）。

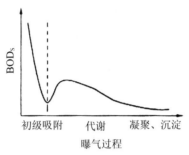

图 6-2 微生物去除有机物的过程

1.初期吸附阶段

"初期吸附"即在活性污泥系统内，在污水最初与活性污泥接触后的较短时间（10～30min）内，活性污泥具有很强的吸附能力，因此，在这一很短的时间段，就可以将废水中大部分的呈悬浮和胶体状态的有机污染物去除，使废水的 BOD_5 值（或 COD 值）大幅度下降。但这并非真正意义上的降解，因为混合液的 BOD_5 值会随着时间的推移有所回升，再之后，BOD_5 值又会逐渐降下来。影响活性污泥吸附能力大小的因素如下：

（1）废水的性质、特性。如果废水中呈悬浮或胶体状态的有机污染物浓度较高，则吸附效果往往比较好。

（2）活性污泥的状态。在吸附饱和之后应当补充足够的再生曝气，以此恢复和增强其吸附功能，通常应当使活性污泥微生物进入内源代谢期。

2.微生物代谢阶段

有机污染物在进入细胞体内后会被微生物通过代谢反应降解，可能会被彻底氧化成 CO_2 和 H_2O 等，也可能转化成某些新的有机体，造成细胞增殖。通常来说,微生物可以分解自然界中的所有有机物,大部分合成有机物也能被某些经过驯化的微生物分解。活性污泥法是一种混合培养系统,其中包括多基质多菌种,因此,多种不同的代谢方式和途径并存,它们彼此相互联系和影响。

3.活性污泥的凝聚、沉淀阶段

活性污泥的基本结构即絮凝体,它可以防止微生物吞噬游离细菌,并承受外界不利因素(曝气等)的影响。水中形成絮凝体的微生物非常多,具有凝聚性的动胶菌属、产碱杆菌属、黄杆菌属、假单胞菌属、芽孢杆菌属等都能形成大块菌胶团。微生物摄食过程释放的黏性物质促进凝聚是凝聚的主要原因。此外,细菌内部能量会因条件不同而有所差异,当外界营养不充足的时候,细菌内部能量就会降低,表面电荷减少导致细菌颗粒间的排斥力小于结合力,从而形成颗粒;反之,当营养物质充足的时候,形成的颗粒会重新分散。

在沉淀这一过程中,混合液中的固相活性污泥颗粒会与处理水分离。固液分离的效果会对出水水质产生直接影响。若是处理水挟带生物体,则出水 BOD_5 与 SS 将会增大。所以,活性污泥法的处理效率应包括二次沉淀池的效率,即用曝气池及二次沉淀池的总效率表示。

二、曝气原理与设备

(一)曝气的作用与理论基础

在活性污泥法中,曝气主要具有以下两个作用:

(1)充氧,提供溶解氧给活性污泥中的微生物,使它们在生长和代谢过程中的需氧量得到满足。

(2)搅动混合,将活性污泥搅动起来,尽量使其在曝气池内处于悬浮状态,以此保证其与废水充分接触。

空气中所含的氧通过曝气向混合液中传递,氧从气相转向液相,最后被微生物所利用。上述转移的理论基础即双膜理论,该理论认为在气-水界面上有气膜和液膜(双膜)存在,其将整个传质过程中的全部阻力集中了起来。当气、液两相做相对运动的时候,双膜内的流动态为层流,而分子扩散即氧在双膜内的传质形式。对于难溶于水的氧而言,分子扩散的阻力主要集中在液膜上。所以,快速变换气-水界面克服液膜阻力的有效方法即曝气搅拌。

（二）曝气方法与设备

曝气方法主要包括鼓风曝气和机械曝气。

1.鼓风曝气

鼓风曝气即通过风机和空气扩散装置将空气鼓入曝气池混合液。风机的类型包括离心风机和罗茨风机。两种风机分别具有自身的特点，离心风机适用于大中型污水处理厂，具有风量大，风压小，噪声小，效率高的特点。罗茨风机则适用于中小型污水厂，因为其具有风压大，风量小，噪声大的特点。噪声相对较小，效率较高是用日本零件组装的三叶罗茨风机的特点。

目前，采用较多的空气扩散装置即曝气器为隔膜曝气头、隔膜曝气管、螺旋曝气器和射流曝气器等。曝气器被安装于水下接近池底的地方，风机提供的空气先经由布气管道分配到各曝气器，然后再扩散到水中。气泡在上升过程中会对混合液进行搅拌，使污泥呈悬浮状态，这种状态有利于其与空气充分接触，这样就使得空气中的氧气陆续溶解于水中参与活性污泥代谢。

（1）螺旋曝气器。

螺旋曝气器也被称为螺旋混合器，其制作材料通常采用的是玻璃钢，外形如图6-3所示。其外形尺寸为直径300～400mm，高1500mm，螺旋曝气器包括螺旋管与分配室。上升的气体会通过螺旋管中的螺旋通道带动混合液螺旋式上升，使气液充分混合，发生气液相传质。

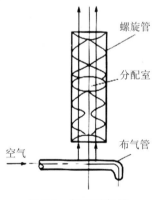

图6-3　螺旋曝气器

螺旋曝气器已经得到广泛使用，因为其不发生堵塞，氧利用率较高，并且具有良好的混合搅拌效果。

（2）隔膜曝气头。

隔膜曝气头，如图6-4（a）所示。缓冲室内进入空气后会使弹性橡胶膜片向上拱起，继而空气会随着膜片上的小孔张开而释出。当不再供气后，气压会降低，胶片也会随之自动复位，然后气孔闭合，污泥和水就不能再进入缓冲室。

（3）隔膜曝气管。

隔膜曝气管结构如图6-4（b）所示，塑料管上套着多孔弹性胶管，空气则是通过该弹性胶管扩散到混合液中。

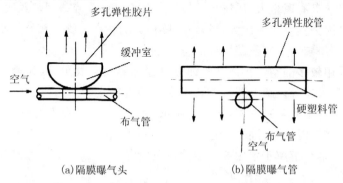

（a）隔膜曝气头　　　　（b）隔膜曝气管

图6-4　隔膜曝气头和隔膜曝气管

隔膜曝气头和曝气管上的出气孔非常小，释出的微气泡比表面积大，具有良好的传质效果和较高的氧利用率。但是，膜片容易老化、开裂，这就会造成空气短流，或者也可能发生微孔堵塞。

（4）射流曝气器。

射流曝气器实际上是文丘里管，如图6-5所示。污水高速射流形成负压，吸入空气后并将其切割成微气泡形成气水混合物射出。氧气会随着气水混合物形成和气泡上升不断溶于水中。射流曝气器传质效率高，并且具有较高的氧利用率，但是却会消耗大量动力。

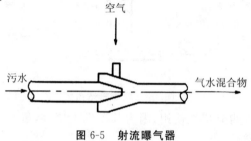

图6-5　射流曝气器

目前,伞形曝气器和多孔管等已经被淘汰,因为其氧气利用率低。曝气器的种类非常多,在使用的时候可以参考有关资料选出合适的类型。

鼓风曝气配置灵活,效率高,对各种规模的污水处理设施都适用。

2.机械曝气

机械曝气也可以称为表面曝气,安装于水面的曝气机即为其充气装置。曝气机有两种类型——立式和卧式。

(1)立式曝气机。

立式曝气机的转动轴垂直于水面,装有叶轮,如图 6-6 所示。叶轮旋转的时候吸入混合液与空气形成水跃,水滴、水膜与空气接触夹带空气,液面不断更新,使氧气持续溶入混合液中。污泥在叶轮的搅拌下呈悬浮状态,并且这一状态有利于污泥与污水和空气充分混合。

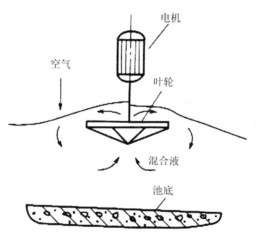

图 6-6　立式曝气机

立式曝气机的动力消耗较大,因此适用于小型曝气池。

(2)卧式曝气转刷。

曝气转刷的转动轴平行于水面,常用于氧化沟。转刷转动的时候,液滴被板条与钢丝抛向空气中,液面也会因此产生剧烈波动,氧气溶于混合液中。在转刷的推动下,混合液在池内流动使污泥呈悬浮状态。转刷的结构如图 6-7 所示。

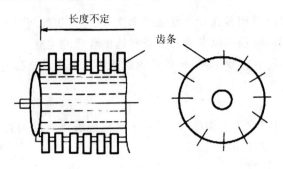

图 6-7 卧式曝气转刷

三、曝气池的池型

曝气池其实就是一个反应器,其池型主要包括推流式、完全混合式、封闭环流式及序批式4大类,而其他类型基本是在上述4种类型的基础上进行组合或变形。

(一)推流式曝气池

从 1920 年开始,推流式曝气池自出现以来一直被沿用至今,它的工艺流程如图 6-8 所示。通常,污泥与回流污泥是从池体的一端进入的,水流呈推流型,从理论上来讲,在曝气池推流横断面上各点浓度是均匀的,纵向没有掺混,进口端的底物浓度最高,然后会沿着池长越来越低,因而池出口端的底物浓度最低。然而,实际情况总是和理论有一定的差距,其实推流式曝气池都存在掺混现象。

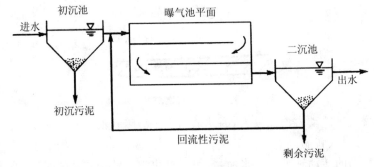

图 6-8 推流式曝气池工艺流程

1. 平面布置

一般情况下,推流曝气池的长宽比为 5～10。为了布置的时候更便利,长池可两折或多折,污水由池的一端进入,再从另一端流出。进水方式并不限定,为了使曝气池的有效水位得到保障,出水均用溢流堰。

2.横断面布置

通常,推流曝气池的池宽与有效水深之比为 $1\sim2$。为了与常用曝气鼓风机的出口风压相匹配,有效水深一般会保持在 $4\sim5m$,但这也不是绝对的,因为有效水深也有深达 $12m$ 的情况。以横断面上的水流情况为依据,分为平移推流式和旋转推流式两种形式。

对于平移推流式的曝气池而言,其池底铺满扩散器,池中的水只沿池长方向流动。这种池型的横断面示意如图 6-9 所示,其宽深比可高一些。

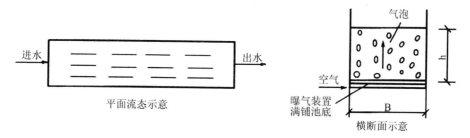

图 6-9 平移推流式曝气池流态

旋转推流式的曝气扩散装置安装在横断面的一侧。气泡形成的密度差使池水产生旋流。池中的水既有沿池长方向的流动,同时也有侧向的旋流,因此形成了旋转推流式,如图 6-10 所示。

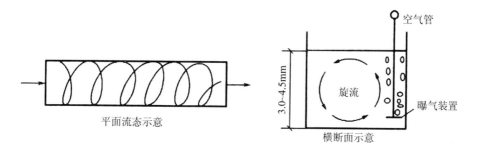

图 6-10 旋转推流式曝气池流态

(二)完全混合式曝气池

完全混合式曝气池(Completely Mixed Aeration Basin)的形状并不固定,其可以是圆形、方形或矩形,曝气设备可采用表面曝气机或鼓风曝气方式。污水一进入曝气反应池,在曝气搅拌作用下立即与全池混合,曝气池内各点具有相同的微生物浓度、底物浓度、需氧速率(如图 6-11 所示)。推流式的前后段有明显的差别,而在完全混合式曝气池,当入流出现冲击负荷时,由于瞬时完全混合,曝气池混合液的组成没有太大的变化,因此,完全混合法具有较大的耐冲击负荷能力。

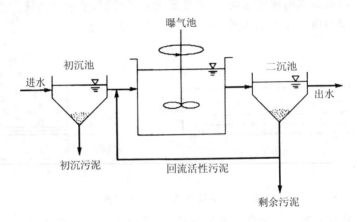

图 6-11 完全混合式曝气工艺流程

(三)封闭环流式反应池

封闭环流式反应池(Closed Loop Reactor,CLR)对推流和完全混合两种流态的特点进行了整合,污水进入反应池之后被快速、均匀地与反应器中污泥进行混合,由此产生的混合液在封闭的沟渠中循环流动(如图 6-12 所示)。一般情况下,混合液循环流动流速为 0.25～0.5m/s,大约 5～15min 完成一个循环。由此可知,由于污水在反应器内水力停留时间为 10～24h,这就意味着其在水力停留时间内完成循环的次数约为 40～300 次。在短时间内,封闭环流式反应池会呈现推流式,但是一旦时间长了就会呈现完全混合特征。将两种流态结合起来可使短流减小,使进水被稀释于数十倍乃至数百倍的循环混合液,这就使反应器的缓冲能力得到提高。

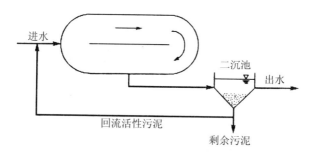

图 6-12　封闭环流式处理工艺流程

（四）序批式反应池

序批式反应池（Sequencing Batch Reactor, SBR）属于"注水-反应-排水"类型的反应器,从流态上来看其属于完全混合,但随着反应时间的增长,有机污染物会被降解。序批式反应池的基本运行模式如图 6-13 所示。其操作流程包括以下 5 个基本过程:进水、反应、沉淀、出水和闲置,从污水流入到闲置结束构成一个周期。整个处理过程均是有秩序地在同一个设有曝气或搅拌装置的反应器内进行,混合液一直留在池中,因此没有必要另外设置沉淀池。可以根据处理对象和处理要求的不同,调节周期循环时间及每个周期内各阶段时间。

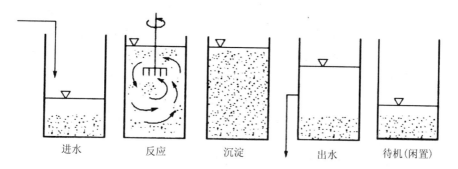

图 6-13　序批式反应工艺流程

第二节　生物膜法

一、生物膜法的基本原理

（一）生物膜的形成

污水连续地从滤料流过,废水中的悬浮物质被滤料截留,并且其中的胶体物质和微生物也被吸附在滤料表面。微生物在水中有机物的影响下繁殖,并对水中的悬浮、胶体以及溶解状态的有机物进行进一步的吸附,因此不断增殖。经过一定时间之后,就会在滤料表面形成一层被称为生物膜的膜状污泥。生物膜主要包括细菌的菌胶团与大量的真菌菌丝,并且其中也生长着很多原生动物与较高等的动物。

（二）生物膜的结构及其传质

生物膜(如图 6-14 所示)的外侧总是存在一层附着水层,并且生物膜具有高度亲水性;生物膜是微生物高度积聚的聚合体,大量不同类型的微生物及微型动物生长繁殖在附着水层至滤料之间,并沿着污水流动的延长方向形成了食物链——细菌—原生动物—后生动物。微生物的不断增殖致使生物膜越来越厚,当生物膜达到一定厚度之后,氧的传质便难以穿过,在这个时候,生物膜就渐渐由好氧层变成了两层——好氧层和厌氧层。通常,好氧层大约有 2mm 厚,有机物的降解主要就是在该层进行。

空气中的氧在污水净化过程中溶解于流动水层中,并受浓度梯度的影响穿过附着水层进入好氧生物膜,进而为其中的微生物呼吸供氧;同理,污水中的有机物及其氮磷等营养物质会通过相界面的更新,逐渐由流动水层进入附着水层,再进入生物膜。然后生物膜中的微生物通过代谢活动可以降解这些营养物质,进而达到净化污水的目的。在这一过程中,微生物产生的代谢产物会由生物膜穿过附着水层,进入流动水层,其中某些代谢产物如 NH_3、CO_2、H_2S 等,会部分散逸到空气中,部分溶于水中。

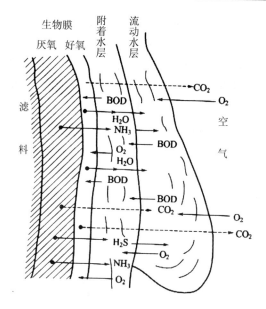

图 6-14　生物膜的结构

随着厌氧层越来越厚,底物及其营养物质越来越难以输入,生物膜在滤料上的附着力越来越小。并且,在这时一些气体代谢产物的不断逸出也使得生物膜在滤料上的固着力越来越差。这种状态下的生物膜就是老化生物膜,并且这种生物膜容易在水动力的作用下剥落。通常可以通过加大水力负荷使生物膜的氧的传质得到改善,促进生物膜的更新,以此保持生物膜的活性。

（三）生物膜法的分类和特点

1. 生物膜法的分类

根据生物膜与污水的接触方式不同,可以将生物膜法分为充填式和浸没式。充填式生物膜法的填料(载体)不被污水淹没,而浸没式生物膜法的填料则完全浸没于水中,因此,两者的供氧方式也不同。充填式生物膜法自然通风或强制通风供氧,污水流过填料表面或盘片旋转浸过污水,如生物滤池和生物转盘等;浸没式生物膜法通常采用鼓风曝气供氧,如接触氧化和生物流化床等。

2. 生物膜法的特点

相较于活性污泥法,生物膜法的特点如下:

（1）微生物相复杂，可以将难降解的有机物去除。

固着生长的生物膜受水力冲刷影响不大，因此，生物膜中存在细菌、原生动物等各种微生物，形成复杂的生物相。这种复杂的生物相可以将各种污染物去除，特别是难降解有机物，也可以被去除。世代时间长的硝化细菌可以在生物膜上很好的生长，因此，生物膜法具有比较好的硝化效果。

（2）微生物量大，具有良好的净化效果。

生物膜中的微生物浓度是活性污泥法的 $5\sim20$ 倍。因此，生物膜反应器具有良好的净化效果，并且其有机负荷高，容积小。

（3）剩余污泥少。

生物膜上微生物的营养级高，食物链长，有机物有较高的氧化率，剩余污泥少。

（4）污泥密实，具有良好的沉降性能。

填料表面脱落的污泥较为密实，具有良好的沉淀性能，易于分离。

（5）耐冲击负荷，对低浓度污水的处理效果良好。

固着生长的微生物耐冲击负荷，具有较强的适应性。当受到冲击负荷时，可以很快恢复。当污水中有机物浓度低时会影响到活性污泥的生长，因此，活性污泥法对低浓度污水的处理效果并不好。而生物膜法则对低浓度污水具有良好的净化效果。

（6）操作简便，运行费用低。

生物膜反应器生物量大，不需要污泥回流，有的为自然通风，因此运行费用低，操作简便。

（7）不易发生污泥膨胀。

微生物固着生长时，即使丝状菌占优势也不易脱落流失而引起污泥膨胀。

（8）投资费用较大。

生物膜法需要填料和支撑结构，需要较大的投资费用。

二、生物滤池

（一）生物滤池的分类

根据有机负荷率可将生物滤池分为 3 种：普通生物滤池（低负荷生物滤池）、高负荷生物滤池（回流式生物滤池）和塔式生物滤池。城市污水生物滤池的负荷率见表 6-1。

表 6-1　城市污水生物滤池的负荷率

生物滤池类型	BOD$_5$负荷率[kg/(m^3·d)]	水力负荷率/[m^3/(m^2·d)]	处理效率/%
低负荷	0.15~0.30	1~3	85~95
回流式	<1.2	<10~30	75~90
塔式	1.0~3.0	80<200	65~85

1.普通生物滤池

在较低负荷率下运行的生物滤池叫做普通生物滤池(或低负荷生物滤池)。这种生物滤池处理城市污水的有机负荷率为 0.15~0.30kg BOD$_5$/(m^3·d),其水力停留时间长,具有良好的净化效果(城市污水 BOD$_5$ 去除率约为 85%~95%),出水稳定,污泥沉淀性能好,剩余污泥少。但滤速低,占地面积大,水力冲刷作用小,易发生堵塞和短流,容易生长蚊蝇,散发臭气,目前已基本不再采用。

2.高负荷生物滤池

在高负荷率下运行的生物滤池叫做高负荷生物滤池(或回流式生物滤池)。这种生物滤池处理城市污水的有机负荷率约为 1.1kg BOD$_5$/(m^3·d)。在这种生物滤池中,微生物的营养丰富,生物膜可以很快增长。需进行出水回流,回流使滤速提高,冲刷作用增强,可以防止滤料堵塞。高负荷生物滤池处理城市污水时 BOD$_5$去除率约为 75%~90%。其相较于普通生物滤池,剩余量多,稳定度小。这种生物滤池占地面积小,不需要大量投资,卫生条件好,对于浓度较高、水质水量波动较大的污水比较适用。

3.塔式生物滤池

塔式生物滤池处理城市污水时的负荷率为 1.0~3.0kg BOD$_5$/(m^3·d)。塔滤池生物膜生长快,没有回流,为防止滤料堵塞,采用较小的滤池面积以获得较高的滤速。在滤料体积一定的情况下,面积缩小则会使高度增大,从而形成塔状结构。

塔式滤池对城市污水的 BOD$_5$ 去除率为 65%~85%,其净化效果不如普通生物滤池和高负荷生物滤池。但这种生物滤池也有优势,即占地面积小,投资运行费用低,耐冲击负荷能力强。因此,这种生物滤池适于处理浓度较高的污水。

(二)生物滤池的构造

1.普通生物滤池的构造

是普通生物滤池的示意图如图 6-15 所示,其构造包括滤床、池体、布水设备以及排水系统等。

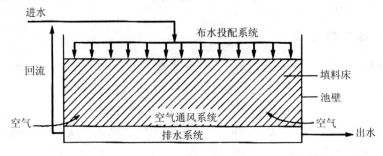

图 6-15　生物滤池

(1)滤床及池体。滤池的核心部分即由滤料组成的滤床。微生物栖息生长于滤料,因此,滤料应当具有以下特点:①比表面积高,以形成高的生物量;②利于污水以液膜状态穿过滤料或流过生物膜表面;③空隙率足以确保三相传质,保证脱落的生物膜随水流出滤池;④具有非生物降解性和非生物毒性,对微生物生长没有抑制作用,生物化学稳定性良好;⑤有一定机械强度;⑥价格低廉。生物膜法发展初期,滤料主要是就地取材的拳状碎石,也可以是碎钢渣、焦炭等,其粒径约为 3～8cm,空隙率约为 45%～50%,比表面积(可附着面积)在 65～100m²/m³ 范围内。从理论上来说,这类滤料粒径越小,滤床上就具有越大的可附着面积,则生物膜的面积也越大,滤床也就具有越强的工作能力。

粒径越小,空隙就越小,滤床的通风也越差,滤床越容易被生物膜堵塞。20 世纪 60 年代中期,塑料滤料开始被广泛采用。两种常见的塑料滤料如图 6-16 所示。如图 6-16(a)所示,滤料的比表面积在 98～340m²/m³ 之间,孔隙率为 93%～95%。如图 6-16(b)所示,滤料的比表面积在 81～195m²/m³ 之间,孔隙率为 93%～95%。目前,国内采用的玻璃钢蜂窝状块状滤料,孔心间距约为 20mm,孔隙率约为 95%,比表面积约为 200m²/m³。

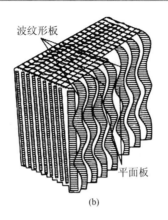

波纹形板

平面板

(a)　　　　(b)

图 6-16　塑料滤料

滤床高度和滤料密度的关系十分密切。一般情况下,石质拳状滤料组成的滤床高度约为 1~2.5m。由于空隙率低,滤床过高会对通风产生影响;由于质量太大(每 m³ 石质滤料达 1.1~1.4t),过高将会对排水系统和滤池基础的结构有一定影响。而塑料滤料每 m³ 仅约 100kg,空隙率则高达 93%~95%,滤床高度可以提高甚至可采用双层或多层构造。国外采用的双层滤床高约 7m;国内常采用多层的"塔式"结构,高度往往会超过 10m。

滤床四周为池体,可以围护滤料。池体通常是钢筋混凝土结构或砖混结构。为降低风力对滤池表面均匀布水的影响,池体上方池壁通常会比滤料高出 0.5~0.9m。池体的底部为池底,池底可以支撑滤料。为了排水和通风,池体底部以及侧壁均开有孔。

(2)布水设备。

布水设备的作用是使污水均匀地分布于整个滤床表面。此外,还应具有适应水量的变化,不易堵塞和易于清通,不受风、雪的影响等特征。普通生物滤池布水设备是固定喷嘴式布水系统。

固定喷嘴式布水系统是由投配池、虹吸装置、布水管道和喷嘴 4 部分所组成。

污水进入配水池,当水位达到一定高度后,虹吸装置开始工作,污水进入布水管路。配水管设有一定坡度以便放空,布水管道敷设在滤池表面下 0.5~0.8m,喷嘴安装在布水管上,伸出滤料表面 0.15~0.2m,喷嘴的口径为 15~20mm。当水从喷嘴喷出,受到喷嘴上部设有的倒锥体的阻挡,使水流向四周分散,形成水花,均匀喷洒在滤料上。当配水池水位降到一定程度时,虹吸被破坏,喷水停止。这种布水设备的优点是运行方便,易于管理和受气候影响较小,缺点是需要的水头较大(20m)。

(3)排水系统。

池底排水系统包括池底、排水假底和集水沟,其具体作用如下:①对滤床流出的污水与生物膜进行收集;②保证通风;③支承滤料。排水假底由特制砌块或栅板铺成(如图 6-17 所示),假底上堆着滤料。早期的排水假底采用的是混凝土栅板,塑料填料出现后,滤料质量减轻,可采用金属栅板作为排水假底。假底的空隙所占面积至少要达到滤池平面的 5%~8%,和池底的距离不能低于 0.6m。池底不仅要支承滤料,还要排泄滤床上的来水,池底中心轴线上设有集水沟,两侧底面向集水沟倾斜,池底和集水沟的坡度约 1%~2%。集水沟的高度要确保在任何时候不会满流,保证空气能在水面上顺利通过,使滤池中的空隙充满空气。

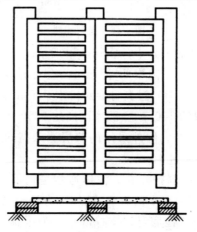

图 6-17　混凝土板式渗水装置

2.高负荷生物滤池的构造

高负荷生物滤池与普通生物滤池的构造大致相同,但两者的滤料却不同。高负荷生物滤池的布水系统采用旋转布水器导致其平面尺寸多为圆形,其滤料粒径要比普通生物滤池的大,一般为 40~100mm,滤料的孔隙率也比较高,滤料层高通常是 2.0m。两者主要是在布水装置上有差别。

通常,高负荷生物滤池采用的是旋转布水器,如图 6-18 所示。它包括固定的进水管与可旋转的布水横管(2 根或 4 根),横管中心轴与滤池地面相距 0.15~0.25m,横管通过电机或水力反冲产生的动力绕竖管旋转。在横管的一侧开一系列间距不等(中心较疏、周边较密)的孔口,当污水从孔口喷出后,布水横管在反作用力下按喷水反方向旋转,将污水均匀洒布在池面上。横管与固定进水竖管要密封连接,并将转时的摩擦力减小,用轴承将布水器的旋转部分与固定竖管连接好。

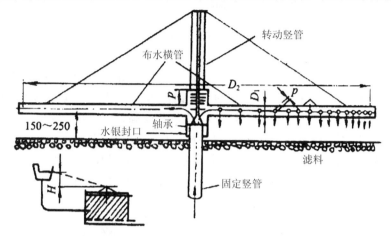

图 6-18　旋转布水器

3.塔式生物滤池的构造

塔式生物滤池是采用高孔隙率、轻质的塑料滤料和塔体结构(如图 6-19 所示)。塔式生物滤池主要包括塔身、滤料、布水设备、通风装置和排水系统。

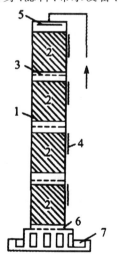

图 6-19　塔式生物滤池构造

1—塔身;2—滤料;3—格栅;4—检修口;5—布水器;6—通风口;7—集水槽

(三)生物滤池的运行方式

生物过滤法系统基本上包括初沉池、生物滤池、二次沉淀池,其组合形式既有单级运行系统,又有多级运行系统。

单级运行系统如图 6-20 所示,单级直流系统多用于低负荷生物滤池,如图6-20(a)所示;图 6-20(b)、(c)、(d)均为单级回流系统,多用于高负荷生物滤池。图6-20(b):处理水回流至生物滤池前,使表面负荷加强,又不加大初沉池的容积,但二次沉淀池要适当大些。图 6-20(c):生物滤池出水直接回流到生物滤池前,可加大表面负荷,又可利用生物接种,对生物膜更新具有促进作用,该系统的两个沉淀池均比较小。图 6-20(d):不设二次沉淀池,滤池出水回流至初沉池前,加强初沉池生物絮凝作用,使沉淀效果更好。

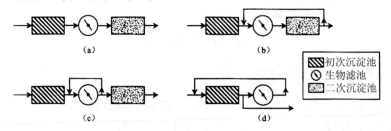

图 6-20　生物滤池的单级运行系统

多级运行系统如图 6-21 所示。根据相关的实验与分析可知,第一级、第二级生物滤池处理效率分别可以达到 70% 和 20%,第三、四级的处理效率就很低了,通常约为 5%。因此,一般只取第一、第二两级。图 6-21(a)、(b)均为二级直流系统。二级串联工作的生物滤池既有优点也有缺点,其可适当减小滤层深度,通风条件好,两次洒水充氧,出水水质较好。但是却增加了提升泵,并且占地面积也增大了。对于滤料,通常是第一级生物滤池采用的粒径较大,后一级则采用粒径较小的。二级回流系统如图 6-21(c)和图 6-21(d)所示。

采用回流的优点是:①增大水力负荷、促进生物膜脱落、防止堵塞;②稀释污水,使基质浓度降低;③可连续向生物滤池接种,促进生物膜生长;④提高进水的溶解氧;⑤由于进水量增加,有可能采用水力旋转布水器;⑥防止滤池中蚊蝇的滋生。缺点是:①污水在滤池中的停留时间被缩短;②洒水量大,可将生物膜吸附有机物的速度降低;③回流水中难降解的物质会逐渐积累起来,以及冬天会使池中水温降低等。

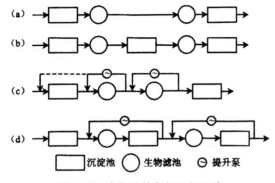

图 6-21　生物池的多级运行系统

二级交流运行系统如图 6-22 所示,每一生物滤池都可以交替作为一级和二级使用,循环往复。与一般二级系统相比,负荷率提高了 2～3 倍。

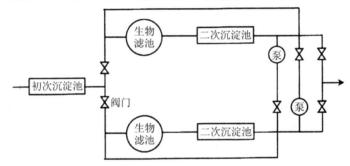

图 6-22　生物滤池二级交流运行系统

采用生物滤池对污水进行处理时,应当选好滤池类型与运行系统。通常来讲,目前,大多数采用高负荷生物滤池,而低负荷生物滤池基本上仅在水量小的地区选用。因为低负荷生物滤池存在占地多、滤料的需要量大、易堵塞,易出现池蝇和臭味的缺点。

确定流程的时候,应当确定的问题包括是否用初次沉淀池,采用几级过滤,要不要采用回流,并且要采用回流的话还要注意回流方式、回流比等的选择。根据水质确定要不要用初次沉淀池,通常悬浮物较多的污水需要使用初沉池。

第三节　厌氧生物处理

一、厌氧生物处理的对象与目的

厌氧生物处理法最早用于处理城市污水处理厂的沉淀污泥,后来用于处理高浓度有机污水,采用的是普通厌氧生物处理法。这种方法水力停留时间长,基本建设费用和运行管理费用较高,这些缺点使其在各种有机污水处理中的应用受到了限制。当进入 20 世纪五六十年代,特别是 70 年代的中后期,厌氧消化工艺开始大规模地应用于污水处理。

(一)厌氧生物处理的对象

1. 有机污泥

有机污泥的主要成分是有机物,其包括废水好氧生物处理过程生成的大量活性污泥和生物膜,初次沉淀池可沉淀的有机固体以及人畜的粪便等。对于上述物质应当予以妥善处理,因为这种物质极不稳定,有恶臭,并且还带有病原菌和寄生虫卵等。

2. 有机废水

食品工业,如啤酒、酒精、味精、制糖、淀粉、屠宰等工业排出的废水,数量多且浓度高。如果这些废水未经处理就排入环境,会严重危害水体质量。厌氧生物处理的主要对象就是这些以农牧产品为原料的加工工业排出的高浓度有机废水。

3. 生物质

厌氧发酵法的主要目的就是专门利用生物质转化为新能源,具体是利用某些植物茎秆以及叶子等通过厌氧发酵获得沼气生物能。其目的不同于废水厌氧生物处理。

(二)厌氧生物处理的目的

厌氧生物处理可以杀菌灭卵、防蝇除臭,提高周围的环境卫生条件,以防传染病的发生和蔓延。

从卫生的角度来讲,一般情况下,粪便无害化的卫生评价指标即蛔虫卵的死亡率。如蛔虫卵杀灭了,别的虫卵和细菌基本上也就杀死了。一般高温厌氧和中温厌氧都可杀死蛔虫卵,前者可杀死 $95.6\%\sim99.7\%$,而后者可杀死 60% 左右。

从环境保护的角度来讲,可以通过厌氧生物处理将废水中的大量有机物去除,防止污染水体。

从获得生物能源的角度来讲,将污水厂污泥和高浓度有机废水利用起来可以产生沼气,由此可以获得大量的生物能。例如,产生 1t 酒精大约需要排出糟液 $14m^3$,而 $1m^3$ 糟液可产生 $18m^3$ 沼气。由此可见,生产 1t 酒精排出的糟液大约可产生沼气 $250m^3$。其大约相当于 250kg 的发热量。

从运行管理的角度来讲,厌氧发酵通常会使固体量大概减少 $1/2$,并且还可以使污泥的脱水性能提高,对污泥的运输、利用与处置都是十分有利的。厌氧法可以产生大量沼气,在国外,有一些污水厂利用污泥产生的沼气发电,可以做到能源基本自给或解决约 60%。而高浓度有机废水(如酒精废液)的厌氧处理,回收的生物能(沼气)在自给的同时还能提供大量能源给社会。

二、厌氧生物处理的基本流程

污水厌氧生物处理也称为厌氧消化,即在没有分子氧的条件下通过厌氧微生物(包括兼氧微生物),将污水中的各种复杂有机物分解转化为甲烷和二氧化碳等物质的过程。相较于好氧过程,两者的根本区别在于厌氧生物处理的受氢体是化合氧、碳、硫、氮等,而非分子态氧。

有机物的厌氧降解过程包括水解阶段、发酵(或酸化)阶段、产乙酸阶段和产甲烷阶段 4 个阶段,如图 6-23 所示。

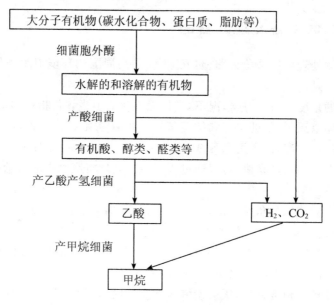

图 6-23　厌氧消化的 4 个阶段

（一）水解阶段

水解阶段可定义为将复杂的非溶解性的聚合物转化为简单的溶解性单体或二聚体的过程。

由于复杂的、不溶的大分子有机物的相对分子质量大而不能透过细胞膜，因此，这些有机物不能被细菌直接利用。在该阶段细菌胞外酶将上述大分子有机物水解成小分子有机物（糖、氨基酸、脂肪酸）。而这些小分子的水解产物则可以溶于水并透过细胞膜被细菌利用。

（二）发酵（或酸化）阶段

发酵阶段可定义为有机化合物同时作为电子受体和电子供体的生物降解过程。发酵阶段也称为酸化阶段，因为在该过程中，溶解性有机物被转化为以挥发性脂肪酸为主的末端产物。

这一阶段，在发酵细菌（即酸化菌）的细胞内，上述小分子的化合物转化成更简单的化合物并分泌到细胞外。氢气、氨、硫化氢、醇类、挥发性脂肪酸（VFA）、乳酸、二氧化碳等则是这一阶段的主要产物。而厌氧降解的条件、底物种类和参与酸化的微生物种群决定着产物的组成。同时，酸化菌也利用部分物质合成新的细胞物质,因此,若是对未酸化的污水采用厌氧处理,则会有更多的剩余污泥产生。

(三)产乙酸阶段

发酵酸化阶段的产物在产乙酸阶段被产乙酸菌转化为乙酸、氢气和二氧化碳,并且该过程中还有新的细胞物质生成。以下简要论述产乙酸过程的某些反应:

降低氢含量可使反应向生产更多产物的方向进行,因此,只有产甲烷菌将产生的氢加以有效利用时,才可以使系统中的氢维持在很低的分压。以平均氢分压为依据可计算出反应器内消耗一个氢分子的时间平均在0.5s以内,这就表示氢分子产生后可以移动的距离仅为0.1mm,这也说明这种生化反应需要菌种间存在密切的共生关系,该现象称为"种间氢传递"(Interspecies Hydrogen Transfer)。一般情况下,厌氧颗粒污泥中会有微生态系统存在,产乙酸菌在该微生态系统中靠近利用氢的细菌生长。因此,这一过程很容易消耗掉氢,并使产乙酸过程顺利进行。这也是UASB生成颗粒污泥后可以使厌氧反应效率提高的重要原因之一。

除许多产甲烷菌外,硫酸盐还原菌和脱氮菌以及少量的产乙酸菌(如 *Clostddium Aceticum* 和 *Acetobacterium Woodii*)也可以利用氢。这类产乙酸菌可以以氢为电子供体把甲醇与二氧化碳还原成乙酸,这就是同型产乙酸过程(Homo acetogenesis)。

(四)产甲烷阶段

碳酸、甲酸、乙酸、氢气和甲醇等在产甲烷阶段被转化成二氧化碳、甲烷与新的细胞物质。

在厌氧反应器中,乙酸歧化菌产生的甲烷占甲烷产量的70%左右。乙酸中的羧基在反应过程中脱离乙酸分子,甲基、羧基最终分别转化成甲烷和二氧化碳。二氧化碳在中性溶液中以碳酸氢盐的形式存在。

现在已知索氏甲烷丝菌(Methanothrix Soehngenii)和巴氏甲烷八叠球菌(Methanosarcina Barked)是利用乙酸的甲烷菌,上述两种菌的生长速率大有不同。在其他环境因素一定时,有机物浓度决定着细菌生长率,其关系可用下式表示:

$$\mu = \frac{\mu_{max} c}{K_s + c}$$

式中　μ——细菌生长率;

μ_{max}——细菌最大生长率;

c——有机物浓度;

K_s——半饱和常数。

K_s 可定义为细菌生长率等于最大生长率一半时的 COD。*Methanothrix* 的 K_s 值要比 *Methanosarcina* 低得多,虽然其最大生长速率也比 *Methanosarcina* 低。这就表示在乙酸浓度很低的时候,*Methanothrix* 较之 *Methanosarcina* 优势生长(如图 6-24 所示),而这种优势生长恰好是人们所希望的,因为:①由于索氏甲烷丝菌对底物的亲和力更高,致使在废水处理中或许会使有机物去除率更高;②索氏甲烷丝菌的生长对品质良好的颗粒污泥的形成十分有利,而巴氏甲烷八叠球菌通常只能形成小于 0.5mm 的颗粒,因此容易从反应器中洗出。

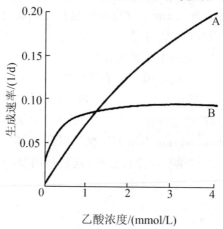

图 6-24　乙酸浓度与细菌 A 与 B 生长速率的关系
A—巴氏甲烷八叠球菌;B—索氏甲烷丝菌

另一类产甲烷的微生物是可以由氢气与二氧化碳形成甲烷的细菌(可称做嗜氢甲烷菌)。在反应器正常条件下,其形成的甲烷占总量的 30%。大概一半嗜氢甲烷菌也能利用甲酸。该过程可按下式直接进行:

$$4CHOOH \longrightarrow CH_4 + 3CO_2 + 2H_2O$$

也可按下式间接进行:

$$4CHOOH \longrightarrow 4H_2 + 4CO_2$$

$$4H_2 + CO_2 \longrightarrow CH_4 + 3 + 2H_2O$$

在自然界的生态系统中,甲醇的降解并不是非常重要,但其在含甲醇废水的厌氧处理中却非常重要。巴氏甲烷八叠球菌可以将甲醇直接转化为甲烷。也可以是先由梭状芽孢杆菌(Clostridia)将甲醇转化成乙酸,然后再由利用乙酸的甲烷菌将乙酸转化成甲烷。

最重要的产甲烷过程分别按下式进行：

$$CH_3COO^- + H_2O \longrightarrow CH_4 + HCO_3^-$$

$$HCO_3^- + H^+ + 4H_2 \longrightarrow CH_4 + 3H_2O$$

$$4CH_3OH \longrightarrow 3CH_4 + CO_2 + 2H_2O$$

$$4HCOO^- + 2H^+ \longrightarrow CH_4 + CO_2 + 2HCO_3^-$$

甲基辅酶 M（CH_3-S-CH_2-CH_2-SO_3^-）是甲烷形成的生物化学过程中主要的中间产物，该过程如图 6-25 所示。

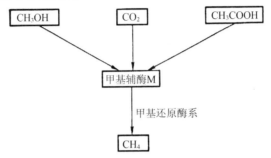

图 6-25　甲基辅酶 M 在甲烷形成中的作用示意图

复杂化合物的厌氧降解如图 6-26 所示。在这里应当注意的是，图 6-26 为废水中最难降解的复杂化合物的降解过程，而对于某些本身就是可溶性的有机物而言，应该并不需要通过图中的所有过程。

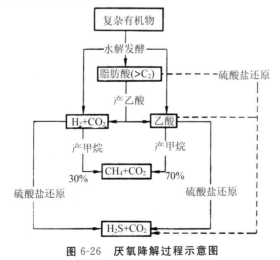

图 6-26　厌氧降解过程示意图

三、污水的厌氧生物处理技术

(一)厌氧生物滤池

厌氧生物滤池（Anaerobic Biological Filtration Process，AF）（如图 6-27 所示）是一种厌氧生物反应器，其内部填充有微生物载体或填料，其结构与一般的好氧生物滤池类似，包括池体、布水设施、滤料以及排水、排泥设备等。但厌氧生物滤池的池顶是密闭的，这与一般的好氧生物滤池是不同的。根据各部分的不同功能，滤池可分为布水区、反应区、出水区和集气区。滤料是厌氧生物滤池的中心构造，可采用粒径约为 40mm 的碎石、卵石等拳状石质滤料，此外还可使用塑料填料。

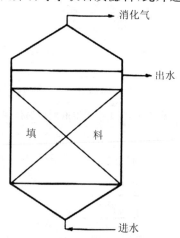

图 6-27　厌氧生物滤池

厌氧生物滤池的工作原理：污水由池底进入后经过附着大量生物膜的滤料和微生物接触，生物膜中的微生物将其降解转化为沼气，然后再从池上部排出至后续构筑物。滤料上附着生长着微生物，并且这些微生物不随出水流出，从而可以保持较长的污泥龄。由于填料是固定的，微生物将进入反应器的废水逐渐水解酸化、产氢产乙酸和产甲烷，反应器不同高度的废水组成在逐渐变化，其对应的微生物种群分布也随之发生规律性变化。进水处主要是发酵菌和产酸菌，随反应器高度上升，产氢产乙酸和产甲烷菌越来越多并占主导地位。

厌氧生物滤池的微生物固体停留时间长，有较高的去除有机物的能力；滤池内的微生物浓度可保持很高的水平；不需另设泥水分离设备，出水 SS 较低；设备简单且易于操作。但是这种生物滤池的滤料费用较贵;进水分配不易均匀,滤料容易堵塞,池下部生物膜很厚,堵塞后不易清洗。因此,这种方法并不适用于悬浮固体高的污水。

(二)厌氧接触法

受活性污泥系统的启示,在普通厌氧污泥消化池的基础上开发出了厌氧接触法,流程如图 6-28 所示。

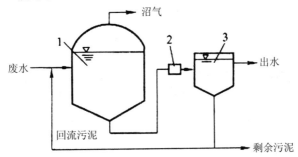

图 6-28　厌氧接触法的工艺流程
1—消化池;2—真空脱气器;3—沉淀池

在厌氧反应器后设沉淀池是厌氧接触法的主要特征,进行污泥回流可以使厌氧反应器内的污泥浓度维持在一个较高的水平,可以使水力停留时间大幅度地缩减。

厌氧反应器排出的混合液中附着大量气泡污泥,在沉淀池中容易上浮到水面而被出水带走。并且污泥进入沉淀池后仍然可以产生甲烷气体,这就造成已经沉下的污泥又上浮,继而影响了固液分离的效果,出水中 SS、COD、BOD 等各项指标均增高,而回流污泥浓度却因此而降低,使反应器内污泥浓度的提高也受到了影响。针对上述问题可采取以下措施:

(1)在反应器和沉淀池间设脱气器,使真空度大概维持在 4900Pa,尽量脱除混合液中的沼气。但是对于产甲烷菌在沉淀池内继续产气,该措施并不能抑制。

(2)在反应器和沉淀池间设冷却器,使混合液的温度从 35℃降至 15℃,以抑制产甲烷菌在沉淀池内活动,将冷却器与脱气器联用可以有效防止污泥上浮现象。冷却器其实就是热交换器,可以利用它加热进入反应器的废水。

(3)投加混凝剂,使沉淀效果更好。

（三）升流式厌氧污泥床

升流式厌氧污泥床（UASB）工艺是由荷兰人在 20 世纪 70 年代开发的，其一出现便很快得到广泛的关注和认可，并被广泛应用于全世界，目前，UASB 反应器是最成功的厌氧生物处理工艺。

1. 工艺原理

UASB 反应器的工作原理如图 6-29 所示，污水在反应器的底部尽量被均匀地引入，污水向上通过包含絮凝污泥或颗粒污泥的污泥床。厌氧反应是在污水和污泥颗粒的接触过程中发生的，厌氧状态下产生的主要成分为甲烷与二氧化碳的沼气引起内部循环，有利于颗粒污泥的形成与维持。污泥颗粒上附着着一些在污泥层形成的气体，附着和没有附着的气体上升到反应器顶部，上升到表面的颗粒碰击气体发射板的底部，使得附着气泡的污泥絮体脱气。而气泡的释放又导致污泥颗粒沉淀到污泥床的表面。反应器顶部的集气室将附着和没有附着的气体收集其中。集气室单元缝隙下的挡板的作用为气体反射器和防止沼气气泡进入沉淀区，不然就会引起沉淀区的紊动，还会使颗粒的沉淀受到阻碍，使得沉淀区进入包含剩余固体和污泥颗粒的液体。

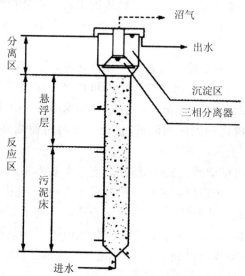

图 6-29 UASB 反应器工作原理示意图

分离器斜壁沉淀区的过流面积在接近水面时增加,致使上升流速在接近排放点处降低。而流速降低又导致污泥絮体可在沉淀区絮凝和沉淀。积累在相分离器上的污泥絮体可以在一定程度上克服其在斜壁上受的摩擦力,从而滑回反应区又与进水有机物发生反应。

安装在反应器顶部的三相分离器将反应器分为下部的反应区和上部的沉淀区。三相分离器的第一个主要目的就是将产生于污泥床(层)的沼气尽量有效地分离出来,尤其是在高负荷的情况下。集气室下面设反射板是为了防止沼气逸到沉淀室。此外,挡板对于减少反应室内高产气量所导致的液体絮动也是十分有利的。UASB 系统的原理就是在形成沉降性能良好的污泥絮凝体的基础上,与设置在反应器内的污泥沉淀系统结合起来,分离气相、液相和固相三相。UASB 系统良好运行的根本点就是要形成和保持沉淀性能良好的污泥(可以是絮状污泥或颗粒污泥)。

2. UASB 的构造

UASB 反应器主要包括以下几个部分:

(1)布水器。即进水配水系统,这部分的功能主要是对整个反应器中的污水进行均匀地分配,还可以对进水进行水力搅拌,这是保证反应器高效运行的一大关键。

(2)反应区。这一部分是反应器的主要部位,其包括污泥床区与污泥悬浮层区,这里是有机物被厌氧菌分解的主要场所。

(3)三相分离器。反应器最有特点、最重要的装置即三相分离器。这一部分包括沉淀区,回流缝和气封,其功能是分开气体(沼气)、固体(污泥)和液体,固体沉淀后通过回流缝回流到反应区,气体分离后进入气室。三相分离器的分离效果将对反应器的处理效果产生直接影响。

(4)出水系统。其作用是均匀地收集沉淀区水面处理过的水,排出反应器。

(5)气室。也称集气罩,其作用是对沼气进行收集。

(6)浮渣清除系统。其功能是对沉淀区液面和气室液面的浮渣进行清除,如果没有太多浮渣则可省略。

(7)排泥系统。其功能是将剩余污泥均匀地排出反应区。

UASB 反应器包括两种类型:开敞式和封闭式。开敞式反应器的顶部不加密封、出水水面敞开,而封闭式反应器是顶部加盖密封的;前者主要对中低浓度的有机污水适用;后者主要适用的是高浓度有机污水或含较多硫酸盐的有机污水。

一般情况下，UASB 反应器的断面为钢结构的圆形或者钢筋混凝土结构的矩形。

3.UASB 的特性

在反应器的上部设置气、液、固三相分离器是 UASB 反应器的工艺特征。下部是污泥悬浮层区与污泥床区，污水从反应器底部流入，向上升流至反应器顶部流出。混合液在沉淀区的固液分离，使得污泥自行回流到污泥床区，进而使污泥区的污泥浓度保持在一个很高的水平。可以在反应器内实现污泥颗粒化是 UASB 反应器的另一大特点，颗粒污泥的沉降性能良好，并且还具有很高的产甲烷活性。污泥的颗粒化可使反应器具有非常高的容积负荷。UASB 对高、中浓度的有机污水以及城市污水这样的低浓度有机污水都适用。

UASB 反应器集生物反应与沉淀于一体，结构十分简单紧凑，因而操作简单易行。通过配水系统从反应器底部进入的污水，在反应区经气、固、液三相分离器之后进入沉淀区。分离后，沼气被收集到气室，再通过沼气管流向沼气柜。固体(污泥)在沉淀区沉淀之后又返回反应区，而沉淀后的处理水则是从出水槽排出。UASB 反应器内没有设置搅棒设备，其在搅拌方面的需要，由上升水流与沼气产生的气流完全可以满足。

(四)两步厌氧法

1.两步厌氧法的特点

两步厌氧法是一种新型的厌氧生物处理工艺，其并非反应器设备与构造的改进，而是一种新型的工艺。有机物的厌氧降解，在宏观上和工程上可以简单地分为由两类不同的微生物完成的两个阶段——产酸和产甲烷。两类微生物对生存条件的不同要求使得它们难以成活在同一个反应器内，即使可以同时成活，也很难都具有旺盛的生理功能活动。为解决上述问题，戈什(Ghosh)和波兰特(Pohland)于1971 年第一次将两步发酵的概念提了出来，就是要将两个阶段的反应分别完成于两个独立的反应器内，为两类不同的微生物分别创造各自最佳的环境条件，对其进行培养，并将这两个反应器串联形成两步厌氧发酵系统，其典型的工艺如图 6-30所示。

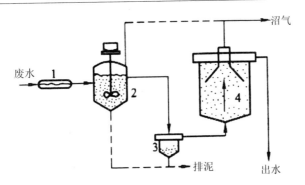

图 6-30　接触消化池和上流式污泥床组成的两步厌氧工艺

1—热交换器；2—水解产酸反应器；3—沉淀分离；4—产甲烷反应器

两步厌氧发酵系统越来越受到人们的重视，因为这种系统具有反应器容积较小，可以承受较高负荷率，运行稳定的特点。

酸化和甲烷发酵并不是在同一个反应器内进行的，因此这一工艺具有如下特点：

（1）可以分别为产酸菌、乙酸菌、产甲烷菌提供最适宜的生长繁殖条件，使它们可以在各自的反应器中达到最高的反应速度，进而使得各个反应器的运行效果都能达到最佳状态。

（2）一旦进水负荷产生大幅度的变化，酸化反应器会发挥相应的缓冲作用，可以缓解对后续的产甲烷反应器的影响。因而，这种处理方法需要有一定的耐冲击负荷的能力。

（3）负荷率高，反应器容积小，酸化反应器反应进程快，水力停留时间短，COD去除率大概是 20％～25％，可以在很大程度上减轻产甲烷反应器的负荷。

（4）反应器容积小促使地基建费用也相应较低。

2.两步厌氧法的设计

通常，两步厌氧法反应器的容积是按有机容积负荷率或水力停留时间来确定的。

水力停留时间和有机负荷率因废水水质及反应器的类型不同而有所差异，通常确定的时候需要通过试验或参照同类废水已有的经验。以下数据可作为确定水力停留时间或有机负荷率的参考。

以中温发酵为例，在这种条件下，对酸化反应器，pH＝5～6，脂肪酸（以乙酸计）可达 5000mg/L 左右，COD 大概降低 20％～25％。

对产甲烷反应器，pH＝7～7.5，脂肪酸（以乙酸计）降低到 500m/L，COD 可降低 80%～90%，产气率约为 0.5m³/kg(COD)。

两步厌氧法既对含有大量悬浮物，尤其是含有纤维素的废水适用，也适用于处理柠檬酸厂、亚麻厂、甜菜糖厂、淀粉厂和葡萄糖厂等排出的 COD 高、悬浮物浓度低的工业废水。对含有毒化合物的复杂可溶性废水，如硫酸盐、亚硫酸盐、硝酸盐、氮等浓度较高时，可采用两步厌氧法去除毒物、提高厌氧发酵效率。

参考文献

[1]蔡守华.水生态工程[M].北京:中国水利水电出版社,2010.

[2]陈群玉,高红.水污染控制工程[M].北京:中央民族大学出版社,2014.

[3]成官文.水污染控制工程[M].北京:化学工业出版社,2009.

[4]程磊.水环境保护技术的应用与展望[J].科技传播,2016,8(18):160.

[5]程声通.水污染防治规划原理与方法[M].北京:化学工业出版社,2010.

[6]崔迎.水污染控制技术[M].北京:化学工业出版社,2015.

[7]董晓冬.废水厌氧生物处理发展历程及研究进展[J].资源节约与环保,2016,(07):52.

[8]窦明,左其亭.水环境学[M].北京:中国水利水电出版社,2014.

[9]樊惠玲,邓静文.水体污染分析与修复技术[J].化工管理,2017,(33):120-121.

[10]冯宝荣,苏宏智,李友平.现代生物技术在水污染控制中的应用[J].污染防治技术,2010,23(03):71-73.

[11]冯辉霞,王毅.生态化学与人类文明[M].北京:化学工业出版社,2005.

[12]冯靖,梁自立,姚富鹏.水体污染对人体健康的影响及防治[J].山东化工,2011,40(07):70-73.

[13]付强,何俊壮,刘继龙.水资源保护与管理[M].北京:中国水利水电出版社,2014.

[14]傅德黔.水污染源监测监管技术体系研究[M].北京:中国环境出版社,2013.

[15]高红武.水污染治理技术工学结合教材[M].北京:中国环境科学出版社,2012.

[16]高廷耀,顾国维,周琪.水污染控制工程[M].北京:高等教育出版社,2007.

[17]郭怀成,尚金城,张天柱.环境规划学[M].北京:高等教育出版社,2009.

[18]洪桂香.治理水环境污染寻求环保节能的破壁之道[J].环境研究与监测,2016,29(04):68－75.

[19]侯晓虹,张聪璐.水资源利用与水环境保护工程[M].北京:中国建材工业出版社,2015.

[20]华剑锋.现代生物技术在水污染控制中的应用[J].农业与技术,2016,36(22):251.

[21]黄维菊.水污染治理与工业安全概论[M].北京:中国石化出版社,2012.

[22]贾屏,杨文海.水环境评价与保护[M].郑州:黄河水利出版社,2012.

[23]简顺均.水资源的有效利用与开发研究[J].科技经济导刊,2016(14):118.

[24]金洁蓉.水污染控制工程实践教程[M].北京:中国环境科学出版社,2016.

[25]晋日亚,胡双启.水污染控制技术与工程[M].北京:兵器工业出版社,2006.

[26]蒯圣龙.水污染与水质监测[M].合肥:合肥工业大学出版社,2013.

[27]黎松强,涂常青.水污染控制与资源化工程[M].武汉:武汉理工大学出版社,2009.

[28]李长波.水污染控制工程[M].北京:中国石化出版社,2016.

[29]李宏罡.水污染控制技术[M].上海:华东理工大学出版社,2011.

[30]李兰.水环境评价与水污染控制规划[M].武汉:武汉大学出版社,2009.

[31]李潜,缪应祺,张红梅.水污染控制工程[M].北京:中国环境科学出版社,2013.

[32]李秀芬.水污染控制工程实践[M].北京:中国轻工业出版社,2012.

[33]李宗硕,李宗范.水污染治理中生物强化技术的应用[J].绿色环保建材,2017(08):213.

[34]林盛群,金腊华.水污染事件应急处理技术与决策[M].北京:化学工业出版社,2009.

[35]林永波,李慧婷,李永峰.基础水污染控制工程[M].哈尔滨:哈尔滨工业大学出版社,2010.

[36]刘翱飞.厌氧生物技术在工业废水处理中的应用[J].资源节约与环保,2015(02):52.

［37］刘芳,郭萍,赵焕宇.水污染的现状与防治[J].环境与发展,2017,29(06)：50—51.

［38］刘建勇,邹联沛.水污染防治工程技术与实践[M].北京：化学工业出版社,2009.

［39］刘伟.浅析现代生物技术在水污染控制中的应用[J].价值工程,2010,29(16)：125—126.

［40］卢升高.环境生态学[M].杭州：浙江大学出版社,2010.

［41］陆晓华,成官文.环境污染控制原理[M].武汉：华中科技大学出版社,2010.

［42］吕国峰.现代生物技术在水污染控制工程中的应用[J].黑龙江科技信息,2010(13)：43—44.

［43］罗固源.水污染控制工程[M].北京：高等教育出版社,2006.

［44］雒文生,李怀恩.水环境保护[M].北京：中国水利水电出版社,2009.

［45］马训孟,苏传辉,刘秋凤.生物膜法在玻璃纤维废水处理中的研究[J].辽宁化工,2017,46(06)：541—542.

［46］彭党聪.水污染控制工程[M].北京：冶金工业出版社,2010.

［47］彭文启,张祥伟等.现代水环境质量评价理论与方法[M].北京：化学工业出版社,2005.

［48］乔鹏帅.水污染治理及资源化工程技术探究[M].北京：中国水利水电出版社,2015.

［49］任南琪,赵庆良.水污染控制原理与技术[M].北京：清华大学出版社,2007.

［50］宋志伟,李燕.水污染控制工程[M].徐州：中国矿业大学出版社,2013.

［51］苏会东,姜承志,张丽芳.水污染控制工程[M].北京：中国建材工业出版社,2017.

［52］苏洁.生物膜法在生活废水处理中的研究[J].化学工程与装备,2016(11)：251—253.

［53］苏少林.水污染控制技术[M].大连：大连理工大学出版社,2010.

［54］孙叔波.环境保护与可持续发展[M].长春：吉林大学出版社,2011.

［55］孙体昌,娄金生.水污染控制工程[M].北京：机械工业出版社,2009.

［56］田守刚,范明元.水资源与水生态[M].郑州：黄河水利出版社,2013.

［57］田禹,王树涛.水污染控制工程[M].北京：化学工业出版社,2011.

[58]汪易坤.环境保护中水污染的治理措施初探[J].低碳世界,2017(30):8—9.

[59]王慧,郑洪领.厌氧氨氧化在水污染控制中研究进展[J].资源节约与环保,2016(06):79.

[60]王伟,邓蓉,张志强.资源经济学[M].北京:中国农业出版社,2007.

[61]王伟.厌氧生物技术应用于工业废水处理中的研究[J].资源节约与环保,2017(12):58—59.

[62]王祥三.水污染控制工程理论·方法·应用[M].武汉:武汉大学出版社,2007.

[63]王燕飞.水污染控制技术[M].北京:化学工业出版社,2008.

[64]王有志.水污染控制技术[M].北京:中国劳动社会保障出版社,2010.

[65]王雨飞,陈甜.活性污泥法在污水处理中的问题及措施探讨[J].科技创新与应用,2017(14):158.

[66]王郁.水污染控制工程[M].北京:化学工业出版社,2010.

[67]吴向阳.水污染控制工程及设备[M].北京:中国环境出版社,2015.

[68]向男.城市水资源污染治理与环境保护[J].中国战略新兴产业,2017(44):30.

[69]杨德菊,朱崇梅.浅析微生物在活性污泥法污水处理中的应用[J].化工设计通讯,2017,43(11).

[70]杨巍.水污染控制技术[M].北京:化学工业出版社,2012.

[71]张宝军.水污染控制技术[M].北京:中国环境科学出版社,2007.

[72]张宏梅.水污染指标及测定分析[J].科学技术创新,2017(33):58—59.

[73]张良,李鹏飞.简议生物膜法在市政污水处理中的应用[J].科技创新与应用,2017(22):154—155.

[74]张仁杰.水污染治理技术[M].武汉:武汉理工大学出版社,2015.

[75]张素青.水污染控制[M].北京:中国环境科学出版社,2015.

[76]张玉清.水污染动力学和水污染控制[M].北京:化学工业出版社,2007.

[77]赵素婷.水环境污染面临的现状及治理对策探讨[J].现代工业经济和信息化,2016,6(6):31—32.

[78]赵新宇.关于我国水污染控制的思考[J].科技创新与应用,2016(34):145.

[79]周霞.水污染控制技术[M].广州:广东高等教育出版社,2014.

[80]朱亮.水污染控制理论与技术[M].南京:河海大学出版社,2011.